新・生命科学シリーズ

植物の成長

西谷和彦／著

太田次郎・赤坂甲治・浅島　誠・長田敏行／編集

裳華房

Plant Growth and Development

by

KAZUHIKO NISHITANI

SHOKABO

TOKYO

「新・生命科学シリーズ」刊行趣旨

　本シリーズは，目覚しい勢いで進歩している生命科学を，幅広い読者を対象に平易に解説することを目的として刊行する．

　現代社会では，生命科学は，理学・医学・薬学のみならず，工学・農学・産業技術分野など，さまざまな領域で重要な位置を占めている．また，生命倫理・環境保全の観点からも生命科学の基礎知識は不可欠である．しかし，奔流のように押し寄せる生命科学の膨大な情報のすべてを理解することは，研究者にとっても，ほとんど不可能である．

　本シリーズの各巻は，幅広い生命科学を，従来の枠組みにとらわれず，新しい視点で切り取り，基礎から解説している．内容にストーリー性をもたせ，生命科学全体の中の位置づけを明確に示し，さらには，最先端の研究への道筋を照らし出し，将来の展望を提供することを目標としている．本シリーズの各巻はそれぞれまとまっているが，単に独立しているのではなく，互いに有機的なネットワークを形成し，全体として生命科学全集を構成するように企画されている．本シリーズは，探究心旺盛な初学者および進路を模索する若い研究者や他分野の研究者にとって有益な道標となると思われる．

新・生命科学シリーズ
編集委員会

はじめに

　植物の成長のしくみは，われわれの想像以上に精緻で，それに基づく植物の生命戦略も極めて巧妙であることが，近年の植物生理学の研究で明らかになってきた．**本書は，植物の成長に関する現時点での研究の到達点と，その解明に至るまでの歴史的背景を，学部の学生諸氏が理解できる形にまとめたものである．**植物の成長という広範な研究領域を，限られた紙面の中で鳥瞰するには，題材のバランスと，系統だったレイアウトが必要であるので，一見，教科書風の章立てにはなっているが，あくまでも読み物として書いたものである．できれば全編を一気に読み通してもらいたい．

　20世紀半ば以降の生命科学の発展はほとんど爆発的で，その勢いはなお増す一方である．生命現象を情報の流れや分子間相互作用，自由エネルギーなどの概念に還元して解析する方法論の確立と，その分析を高速で，しかも高精度で行うための技術革新が，この発展を可能にしてきた．その結果，形態形成や環境への応答などの複雑精緻な高次現象を，遺伝子やタンパク質のはたらき，細胞内外の情報伝達などの共通概念で統一的に理解できるようになった．

　しかし同時に，生物種の間で生命設計や生命戦略が大きく異なることも明らかになった．とくに生命体の設計コンセプトの多様性は，生命現象が高次化するにつれ急速に増し，そのしくみを共通の言葉で理解することは現代生物学では容易ではない．植物と動物を素朴な目で比べてみれば，その違いは瞭然としている．重要なのは，この多様性こそが，生命現象の本質であるという点である．多様な生命のしくみ，それ自体から，普遍的な法則性を引き出すのが生命科学であるといってよい．

　陸上植物は動物とはまったく異なる生命設計により，陸上環境に適応して大型化し，今や地球上で最も繁栄するに至った生物群である．その生命戦略

は動物である人類とはほとんど対極にあるにもかかわらず，というよりも，むしろ対極にあるからこそ，人類とは最も親密で，友好的な生物群であるといえる．それ以上に重要なことは，人類の生存がこの植物に依存していることである．したがって，植物の成長のしくみの理解は，基礎科学として，生命一般を理解するという意味と同時に，人類の生存基盤である生命資源を理解するという実学としての意味をもっている．

　本書では，陸上植物の中で，現在隆盛を極めている被子植物に注目し，その成長のしくみを，①植物に固有の遺伝子や細胞のはたらき，②植物器官の形成，③植物ホルモンによる成長の制御，の3つの視点から解剖することにする．最後まで読み通して頂ければ，われわれ人類とはまったく異なるコンセプトで生きる被子植物に固有の生き方や生存戦略を理解して頂けるはずである．それによって，読者諸氏が自身を含めた生命一般を考える上での視野が少しでも広がるとすれば，本書の目的は達成されたことになり，著者にとっては望外の喜びである．

　本書執筆に当たっては，多くの方々にお世話になった．法政大学の長田敏行教授には，本シリーズの編集委員として査読頂き，貴重なご意見を賜り，一方ならずお世話になった．深く感謝申し上げる．京都大学の荒木 崇教授，国立遺伝学研究所の角谷徹仁教授，東北大学の日出間 純博士，牧 雅之博士には，それぞれのご専門の項目に関して貴重なご教示を頂いた．ここに深謝申し上げる．研究室の同僚である横山隆亮博士には，日々の議論を通して貴重な意見を頂いた．秘書の長谷川博子氏には資料整理や校正で大変お世話になった．心からお礼申し上げる．最後に，裳華房編集部の野田昌宏氏，筒井清美氏には，長期に亘る編集作業を終始忍耐強く進めて頂いた．心より感謝申し上げる．

　2011年3月　仙台にて

西谷和彦

本書の特徴について

　被子植物の典型的な成長現象の制御について，そのしくみを，分子レベルで理解することに力点を置いた構成とした．その結果，成長現象に沿った章立てではなく，その制御に関わる，遺伝子やタンパク質，細胞のはたらき，さらに植物ホルモンなど情報伝達のしくみごとの章立てとしている．

　1章では，まず，被子植物について，その進化系譜と生命戦略の特性を概観し，なぜ，被子植物が基礎・応用の両面でとくに重要な研究対象となってきたのかについて述べる．

　2章～4章では，遺伝子発現や，膜輸送，細胞分化，細胞成長，細胞壁機能など，植物の成長や形態形成の基盤となる基本的な分子過程について，そのしくみを見ていくことにする．

　5章では被子植物の発生過程の中で，とくに重要な制御ポイントである，受精，初期発生，種子形成・休眠，栄養器官・生殖器官の形成などについて，その制御のしくみを，植物ホルモンなどによる情報伝達，転写因子による遺伝子発現制御の切り口で理解することを目指す．

　最後に6章～9章では，それまでの章に制御因子として登場してきた植物ホルモンについて，それぞれの研究の歴史，シグナルの発信と受容，情報伝達，作用発現のしくみを纏めることにする．

　生理学は「知識の収集」ではなく，「しくみの理解」をめざす科学であるので，上記の各章のテーマを考える上で必然性のない用語や事象の羅列は極力避けるようにした．一方，普遍的な基本概念の理解に必要な場合には，たとえ専門性の高い用語であっても，躊躇せずに用いた．また，遺伝子やタンパク質の名称は，省略型（多くは，アルファベット数文字）を用いるのが標準となっているので，本書でもそれに従った．しかし，これが，生物学の教科書をわかり難くする主因の1つであることも承知しているので，**遺伝子名や化合物名などの省略型については巻末にリストをつけ**，簡潔な説明を加えることにした．

目次

■ 1章　なぜ被子植物か　　1

- 1.1　植物の進化系譜　　1
  - 1.1.1　植物の祖先　　1
  - 1.1.2　緑色植物の誕生　　2
  - 1.1.3　藻類の進化と陸上進出　　4
  - 1.1.4　維管束の進化　　5
- 1.2　有胚植物の生活環　　5
  - 1.2.1　コケ植物の生活環　　5
  - 1.2.2　被子植物の生活環　　6
- 1.3　被子植物を研究する理由　　8
  - 1.3.1　進化程度の高い，多様な植物群　8
  - 1.3.2　モデル植物　　10
- 1.4　陸上環境への適応　　11
  - 1.4.1　浮力のない環境　　12
  - 1.4.2　乾燥　　13
  - 1.4.3　太陽光　　14

■ 2章　植物の遺伝子と細胞　　16

- 2.1　遺伝情報　　16
  - 2.1.1　ゲノム構造と転写制御　　16
  - 2.1.2　タンパク質コード遺伝子　　17
  - 2.1.3　非タンパク質コード遺伝子　19
  - 2.1.4　エピジェネティックス　　21
  - 2.1.5　遺伝子ファミリー　　22
- 2.2　細胞周期　　24
  - 2.2.1　細胞周期の発見　　24
  - 2.2.2　幹細胞と G_0 期の細胞　　24
  - 2.2.3　核内倍加と補償作用　　25
  - 2.2.4　細胞周期の制御　　27
  - 2.2.5　サイクリンとCDK　　28
- 2.3　細胞分裂　　28
  - 2.3.1　分裂面と分裂の様式　　28
  - 2.3.2　分裂装置　　29
  - 2.3.3　細胞板と細胞壁　　31
  - 2.3.4　原形質連絡　　31
- 2.4　細胞分化　　32
  - 2.4.1　分化全能性と分裂組織　　32
  - 2.4.2　細胞分化のパターン　　34
  - 2.4.3　脱分化と再分化　　34
  - 2.4.4　細胞極性　　36
  - 2.4.5　プログラム細胞死　　37

■ 3章　水と物質の輸送　　39

- 3.1　水分子と水溶液の性質　　39
  - 3.1.1　水の特性　　39
  - 3.1.2　水ポテンシャル　　40
  - 3.1.3　溶質の化学ポテンシャル　　42
- 3.2　膜輸送体　　42
  - 3.2.1　チャネル　　43
  - 3.2.2　キャリア　　44
  - 3.2.3　ポンプ　　45

3.2.4　その他の一次能動輸送体　47
　3.2.5　膜輸送体群の役割　48
3.3　水と溶質の長距離輸送　49
　3.3.1　アポプラストとシンプラスト　49
　3.3.2　木部への「積み込み」　50
　3.3.3　木部通導組織　51
　3.3.4　水上昇の凝集・張力説　52
　3.3.5　師部と師要素　54
　3.3.6　師管内転流の圧流説　56

■ 4章　細胞壁と細胞成長　58

4.1　植物細胞壁の構造モデル　58
4.2　セルロース微繊維　60
　4.2.1　セルロース合成装置　60
　4.2.2　CesAファミリー　62
　4.2.3　セルロース微繊維の配向制御　64
　4.2.4　マルチネット成長説　65
4.3　マトリックス　66
　4.3.1　架橋性多糖　67
　4.3.2　CSLスーパーファミリー　67
　4.3.3　XTH　68
　4.3.4　充填性多糖　69
　4.3.5　疎水性のマトリックス成分　71
4.4　細胞成長　73
　4.4.1　細胞成長の様式　73
　4.4.2　ロックハルトの方程式　74
　4.4.3　細胞壁の応力緩和と伸展　76
　4.4.4　細胞壁のゆるみ　77
　4.4.5　細胞の形の制御　78

■ 5章　発生過程　80

5.1　被子植物の受精　80
　5.1.1　自家生殖と他家生殖　80
　5.1.2　花粉管誘導　83
　5.1.3　被子植物の重複受精　84
5.2　胚発生　85
　5.2.1　初期胚のパターン形成　85
　5.2.2　WOXによる軸形成　86
5.3　一次分裂組織の形成と維持　88
　5.3.1　幹細胞ニッチ　89
　5.3.2　分裂組織形成の制御　89
　5.3.3　形成中心の維持　90
　5.3.4　静止中心の形成　93
5.4　種子形成と休眠・発芽　95
　5.4.1　種子形成と乾燥耐性獲得　95
　5.4.2　種子成熟と休眠の制御　97
　5.4.3　種子発芽の制御　98
5.5　後胚発生　99
　5.5.1　茎頂分裂組織　99
　5.5.2　葉序制御モデル　100
　5.5.3　維管束幹細胞ニッチ　102
　5.5.4　維管束形成の運河モデル　103
　5.5.5　管状要素の分化　104
　5.5.6　主根の細胞列の分化　105
　5.5.7　側根原基の形成制御　106
5.6　栄養成長と生殖成長の切り替え　107
　5.6.1　CO-FT経路による制御　107

  5.6.2 花成制御の統御遺伝子群 109   5.6.4 花序分裂組織の制御 113
  5.6.3 花序分裂組織 112   5.6.5 花器官形成のABCモデル 114

■ 6章　オーキシン　116

 6.1 植物のシグナル伝達の特徴 116   6.2.4 輸送体の細胞内局在の制御 128
  6.1.1 発見の歴史 118 6.3 受容と情報伝達 129
  6.1.2 アゴニストとアンタゴニスト 120   6.3.1 受容体 ABP1 129
  6.1.3 合成経路 122   6.3.2 受容体 TIR1/AFB 131
  6.1.4 分解と不活性化 124   6.3.3 $SCF^{TIR1/AFB}$ の標的分子 131
 6.2 合成部位と極性輸送 124   6.3.4 AUX/IAA と ARF 132
  6.2.1 局在と合成の場 124 6.4 成長制御 133
  6.2.2 極性輸送 125   6.4.1 細胞壁関連遺伝子の発現誘導 133
  6.2.3 輸送体 126   6.4.2 転写を介さない制御 135

■ 7章　ジベレリン　137

 7.1 発見と代謝経路・代謝の制御 137   7.2.3 維管束植物のジベレリン 146
  7.1.1 発見の歴史 137   7.2.4 光とジベレリンの情報統合 147
  7.1.2 ジベレリン応答の変異体 138 7.3 成長制御 149
  7.1.3 合成経路 139   7.3.1 α-アミラーゼ遺伝子 149
  7.1.4 組織内ジベレリン濃度の調節 142   7.3.2 双子葉植物の発芽促進 150
 7.2 情報伝達 143   7.3.3 茎伸長の制御 150
  7.2.1 情報伝達の概要 143   7.3.4 表層微小管 151
  7.2.2 受容体と DELLA タンパク質 144   7.3.5 細胞壁 151

■ 8章　サイトカイニンとエチレン　154

 8.1 サイトカイニン 154   8.1.6 頂芽優勢の制御 161
  8.1.1 発見の歴史 154   8.1.7 加齢の抑制と物質の集積 162
  8.1.2 代謝経路 155 8.2 エチレン 162
  8.1.3 土壌細菌のサイトカイニン 156   8.2.1 発見の歴史 162
  8.1.4 受容と情報伝達 158   8.2.2 合成経路 162
  8.1.5 細胞周期の制御 160   8.2.3 受容と情報伝達 164

8.2.4　応答性遺伝子	166	8.2.6　葉の老化と器官脱離の制御	166
8.2.5　果実の追熟の制御	166	8.2.7　細胞伸長の制御	167

■9章　その他の植物ホルモン　　　169

9.1　アブシジン酸	169	9.2.3　受容と情報伝達	175
9.1.1　発見の歴史	169	9.2.4　応答性遺伝子	177
9.1.2　合成経路	170	9.3　ジャスモン酸	178
9.1.3　膜輸送とイオントラップ	171	9.3.1　生理作用と代謝	178
9.1.4　情報伝達の要となる負の因子	172	9.3.2　受容と情報伝達	180
9.1.5　受容機構	172	9.4　ストリゴラクトン	181
9.2　ブラシノステロイド	174	9.4.1　発見の歴史と生理作用	181
9.2.1　発見の歴史	174	9.4.2　合成経路と情報伝達	181
9.2.2　合成経路	174		

参考文献	184
引用文献	186
遺伝子・化合物・単位などの略号リスト	190
索引	196

コラム 1　植物生理学者テオフラストスの観察眼	10
コラム 2　イネの紫外線耐性	15
コラム 3　DNA のメチル化の制御	23
コラム 4　師管液	55
コラム 5　細胞壁モデル	61
コラム 6　外衣 - 内体説	92
コラム 7　フロリゲンの発見	111
コラム 8　成長素	119
コラム 9　植物ホルモンと F-box タンパク質	130
コラム 10　ジベレリン研究の第一歩	139
コラム 11　緑の革命を起こした遺伝子	152
コラム 12　根から茎への信号	182

1章 なぜ被子植物か

　植物生理学に限らず生物学では現在生存している生物を扱う．生き物を扱うのが生物学であるからこれは当然のことである．しかし，現生生物の機能や形は，何十億年の生物進化の過程を経て今日に至ったもので，今なお，進化の途上にあることに留意しなければならない．遺伝学者のドブジャンスキーは「進化的背景の理解なしに，生物のしくみを考えてもよくわかるものではない」＊という意味の名言を残している．そこで本書も，被子植物の進化系譜について概観することから始めることにする．また，なぜ，陸上植物の中の被子植物に焦点を当てるのかについてもはじめに述べておこう．

1.1　植物の進化系譜

1.1.1　植物の祖先

　酸素を発生しながら光合成を行う生物を「植物」と見なすと，われわれの惑星に最初に現れた植物は現在のシアノバクテリアの祖先である．27億年以前の地球には，無機化合物を基質として光合成を行う多様な光合成細菌群が生息していた．この細菌群からシアノバクテリアが進化したと考えられている．

　水を分解して，酸素を発生させながら，光合成を行うしくみを酸素発生型光合成という．このしくみは，海洋に無尽蔵に存在する水を基質として用いる点で，それまでの光合成とはまったく異なるものである．このしくみを進化させた点で，シアノバクテリアの出現は生物進化の歴史を画する大きな出来事であった．画期的な機能を獲得したシアノバクテリアは瞬く間に地球上の全水域に広がり，先カンブリア時代を通じて地球の全域で繁殖した．その繁栄の様子は，世界各地の古い地層から発掘されるストロマトライトという

＊ Nothing in biology makes sense except in the light of evolution (Dobzhansky, 1973)

微生物化石から，うかがい知ることができる．

シアノバクテリアが酸素を発生する機能を獲得したことにより，それまで還元的であった海洋は次第に酸化的となった．その結果，酸素に対する耐性を備えて，酸素呼吸を行う生物が現れた．その中には後の真核生物，すなわちわれわれの祖先もいた．一方，それまで繁栄していた嫌気性生物は，酸素の毒性により生育が抑制されて次第に生存域を狭めていったと推測できる．このように，酸素発生型光合成の進化は地球上の生命進化の方向を大きく変えることになった．

1.1.2 緑色植物の誕生

およそ20億年前に，シアノバクテリアが原始的な真核細胞に取り込まれ，細胞小器官（オルガネラ）となる出来事が起きた．シアノバクテリアの側からすれば，色素体というオルガネラの形で，細胞に寄生したことになる．両者は今も植物細胞内で「仲良く」共存しているので，この出来事は色素体の一次共生と呼ばれている．こうして光合成を行う真核生物が誕生した．植物細胞は，核のDNA以外にも色素体独自のDNAをもつ．これは，一次共生のときに真核生物に取り込まれたシアノバクテリアのゲノムの名残である．

一次共生によって生まれた植物は，現在，緑色植物，紅色植物，灰色植物の3つの植物門に進化している（図1.1）．これら一次共生植物は同じ祖先から進化したので，単一系統の生物群であるという．一次共生により生まれた色素体をもつ真核細胞が，その後，色素体をもたない別の真核細胞に共生し，コンブなどの不等毛植物（黄色植物）やユーグレナ植物などが生まれた．これを二次共生と呼ぶ．こうして，今日の植物相ができあがった．

真核生物が酸素発生型光合成を始めたことにより，海洋の酸素濃度の上昇が加速し，大気中の酸素濃度も次第に高まった．酸素耐性を獲得した生物群は，効率のよい酸素呼吸によりエネルギー生産効率を一段と高め，それにより生命機能の質が高まり，真核生物は多細胞化を伴う大型化と多様化を始めた．一方，酸素耐性を獲得できなかった嫌気性生物のほとんどは，次第に絶滅の一途をたどったと推測できる．大気に触れない土壌の奥深い所や深海で，隠れるように生息する嫌気性細菌は，酸素環境から辛うじて逃れて生き延び

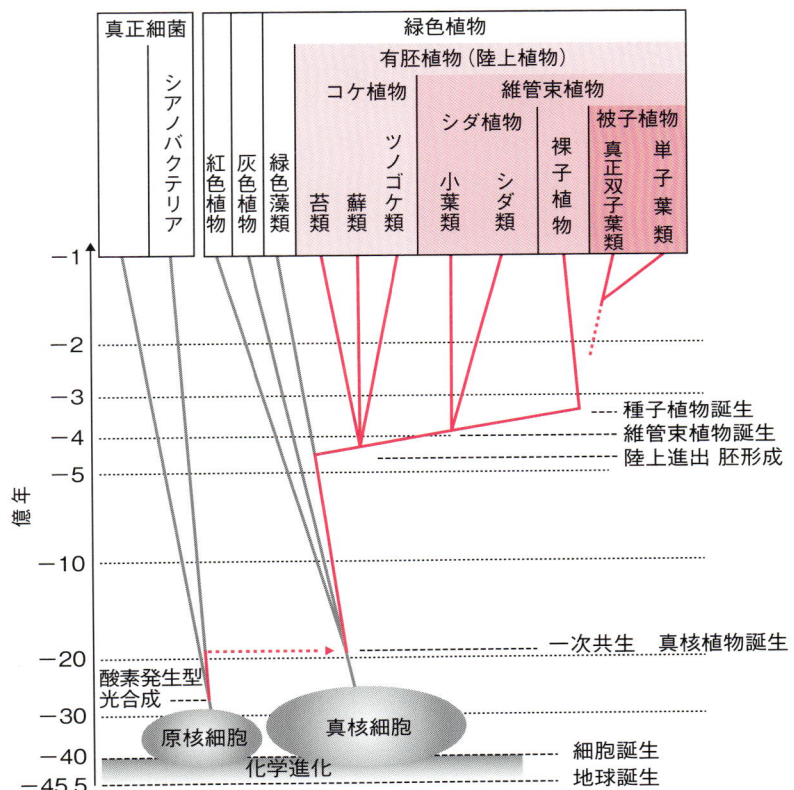

図 1.1　有胚植物（陸上植物）の進化系譜
　酸素発生型光合成機能を獲得したシアノバクテリアが原始真核細胞に一次共生して進化した緑色藻類の中の車軸藻類が陸上に進出し，有胚植物が進化した．縦軸は対数目盛．（長谷部，2007；西田，2000 を参考に作図，Graham et al., 2000 参照）

た生物種の末裔である．

　大気中の酸素濃度が増加すると，太陽光の強力な紫外線により，大気上層にオゾン（O_3）層が形成され始めた．できたオゾン層は太陽光に含まれる波長の短い紫外線の一部を吸収し，その結果，地上や海洋の表層に届く有害な紫外線の強度が減少し始めた．こうして，生物が陸上に進出する環境が整ってきた．

　一方，光合成により二酸化炭素を固定し，炭素化合物を自在に合成できる

ようになった真核の植物群は，多糖類を主成分とした独自の細胞壁を進化させ，細胞壁により細胞の形を決め，細胞壁により細胞を二分する細胞質分裂法を進化させ，さらに細胞壁により細胞同士を直接接着し，それを積み上げて多細胞体をつくるという植物固有の形態形成のしくみをつくり上げた．こうして，多細胞植物が多様化し，大型化する素地ができた．

1.1.3 藻類の進化と陸上進出

4〜5億年前に多細胞の緑色植物の一種，車軸藻類の祖先が陸上への進出を果たした．現生の陸上植物はすべてこの車軸藻類を共通の祖先とする単系統の生物群であると考えられている（図1.1 参照）．

現生の緑色藻類は，一次共生によって進化した3つの植物群の中で，光合成色素の吸収波長域が最も広く，大気中に近い光環境下でとくに光合成効率が高い．そのため，水面近くの浅いところを好んで生育している．それに対して，紅色植物は，青色光を利用しやすい光合成色素をもち，赤い光が届き難い海洋の深い場所に生育している．光合成の吸収波長域が海藻の生育深度に関係するという仮説は補色適応説と呼ばれる．この仮説は緑色植物のみが，陸上に進出できたことを説明する際に好都合である．

緑色植物が陸に上がる際には，植物に固有の代謝経路であるシキミ酸経路の進化が大きな役割を演じたと考えられている．シキミ酸経路とは，植物独自のフェノール性化合物の代謝経路で，芳香族アミノ酸は，いずれもこの経路で合成される．また，陸上植物にとって重要なフラボノイドやクチンなどもこの経路でつくられる．前者は紫外線を防ぎ，後者は乾燥から細胞や組織を守る上で重要な化合物である．さらに，維管束植物にとって必須のリグニンもこの代謝経路で合成される．

それに加えて，細胞壁多糖類の進化も重要な役割を担っていたようである．というのは，陸上植物とその直接の祖先である車軸藻類は，細胞壁の骨格がIβ型と呼ばれるセルロースからなる点で共通している．それに対して，車軸藻類以外の緑色植物や，紅色植物，灰色植物，不等毛類は，細胞壁にセルロースを含むものの，主要成分ではなく，また，その結晶構造は陸上植物のそれとは大きく異なり，力学強度も低いタイプである．陸上植物における細

胞壁中のセルロースの役割の重要性を考えると，Ⅰβ型セルロースを進化させていた車軸藻類のみが陸上に進出し得たことは興味深い事実である．

1.1.4 維管束の進化

陸に上がった車軸藻類の子孫を待ちかまえていたのは，それまでの海洋環境とはまったく異なる厳しい大気と土壌の環境である．

この陸上環境への適応に成功した現生植物は大きく2つのグループに分類できる．1つは小型の多細胞体で，成長が遅く湿地に張り付くように生きるコケ型の植物群，もう1つが維管束植物群である．維管束植物は土壌に深く根を張り，大型化しながら，乾燥する大気中に茎を伸ばし，葉を展開して光と二酸化炭素を貪欲に獲得し，同時に，土壌中の水と養分を積極的に摂取し，速い速度で成長するしくみを進化させた．現在，地球上に生息する維管束植物は，シダ植物（シダ植物門，ヒカゲノカズラ植物門，トクサ植物門，マツバラン植物門），裸子植物門，被子植物門で，これらはすべて単系統の生物群である．維管束植物群は大型化しただけでなく，種の多様性においてもコケ植物を大きく凌ぎ，現在の陸上環境下に最も適応した生物群となっている．

1.2 有胚植物の生活環

有性生殖を行う生物は，減数分裂と受精により1組のゲノム（$1n$）をもつ単相世代と2組のゲノム（$2n$）をもつ複相世代をくり返す．陸上植物の受精卵は，例外なく親植物内で多細胞体からなる複相世代，すなわち，胚を形成する．一方，藻類では，受精卵は親植物から離れ，独立生活を始める．胚の有無は陸上植物とその他の藻類の間の決定的な発生様式の違いである．この特徴をもつ系統群を有胚植物という．陸上植物は例外なく有胚植物である．

1.2.1 コケ植物の生活環

コケ植物では，複相世代は短く，胚は親植物の中で胞子嚢となり，減数分裂により単相世代の $1n$ の胞子をつくる（図 1.2）．コケ植物のモデル植物としてよく用いられる蘚類のヒメツリガネゴケでは，胞子は親から離れて発芽し，原糸体となり，分裂をくり返したのち，多細胞体を形成する．原糸体が多細胞体となる過程でできる細胞の塊を芽という．芽は次第に分化し，茎葉

■1章 なぜ被子植物か

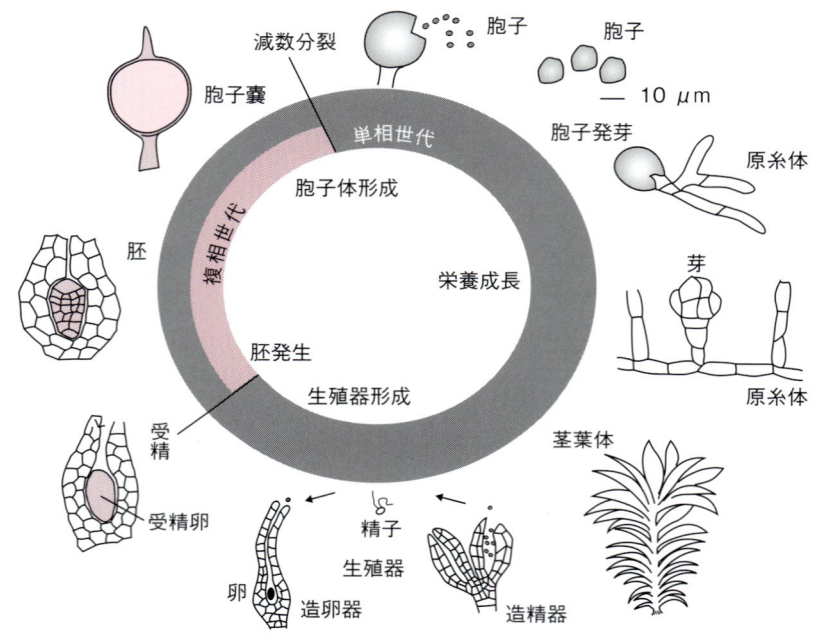

図1.2 蘚類の生活環
単相世代である胞子が発芽し，原糸体を経て茎葉体となり，その中に生殖器（造精器と造卵器）が分化し，精子と卵細胞ができる．精子は水の中を泳いで造卵器にたどり着き，受精して，複相世代の胚を形成する．受精後の胚発生が親植物内で進むことから有胚植物という．胚はやがて胞子嚢となり，減数分裂により単相世代の胞子を作り，世代が一巡する．

体となる．茎葉体上には造精器と造卵器ができ，それぞれの中に精子と卵細胞ができる．造精器と造卵器が水で濡れているときに，造精器から精子が飛び出し，水中を泳いで造卵器の中の卵細胞にたどり着き，受精が完了する．受精によりできた $2n$ の接合子は，$1n$ の茎葉体の中で胚発生を進め，$2n$ の胞子体となり，生活環が一巡する．

1.2.2 被子植物の生活環

コケ植物の生殖細胞は，水中を移動して受精に至るのに対して，被子植物の生殖細胞は，大気中を移動する．これは大きな違いである．種子植物が乾燥耐性をもつ花粉を進化させたことにより可能となった生殖形態である．花

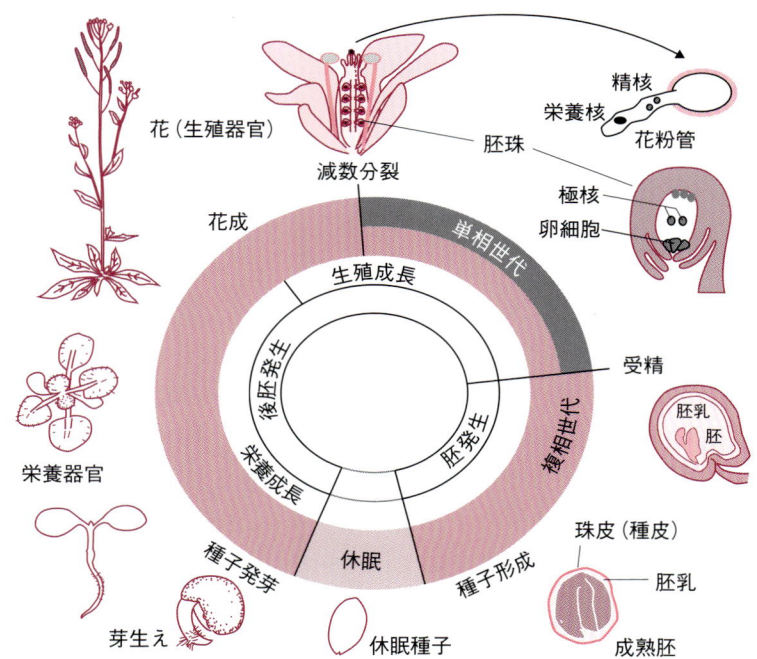

図 1.3 被子植物の生活環
単相世代は生殖細胞の時だけで,花粉が大気中を移動して,雌しべの上で発芽して,花粉管を伸ばして受精に至る.受精後胚形成が進み或る段階に達すると,種子を形成し休眠する.種子発芽後の後胚発生は栄養成長期に始まり,生殖成長期に入ると生殖細胞をつくり,生活環が一巡する.

粉は花粉管細胞と雄原細胞から成る.雄原細胞は,分裂して 2 個の精核となり,花粉管細胞の中に取り込まれ,花粉の中で入れ籠の状態になる.花粉は雌しべの柱頭で発芽して花粉管を伸ばし,花粉管内の精核は,雌しべの胚珠の中に送りこまれる. 2 個の精核のうちの 1 つは卵細胞と融合し,$2n$ の接合子ができる.これが,被子植物の個体の一生の始まりである.もう 1 つの精核は 2 つの極核と重複受精し $3n$ の胚乳となる.胚乳は種子形成のある段階まで進むと寿命を終え,次代には続かない(図 1.3).

被子植物の接合子も胚を形成し,親植物の中で多細胞化するのはコケ植物と同様であるが,コケ植物とは異なり,親植物体内では減数分裂を行わず,

■ 1章　なぜ被子植物か

複相世代として種子を形成したのち，親植物から離れ，自立して生活する．被子植物の多細胞化の過程は，①胚から種子形成に至る胚発生の過程，②種子発芽から始まる栄養成長の過程，③花成に始まる生殖成長の過程の3つの相に分けることができる．最後の相に入ると，生殖器官である花器官の中の特定の細胞が減数分裂により$1n$の花粉と$1n$の卵細胞をつくり，生活環が一巡する．したがって，被子植物の生活環はほとんどが複相世代である．

1.3　被子植物を研究する理由

紀元前4世紀から3世紀にかけてギリシャで活躍したテオフラストスは「植物原因論9巻」と「植物誌6巻」を残している．これらは，現存する植物に関する文献として最古のものである．この中で，彼は多種類の陸上植物について，その成長過程や自然の中での生き方の特徴をさまざまな視点から比較観察，分析し，その因果律を考察している．それと同時に，その栽培や利用についても論じている．彼の研究のアプローチは，現在の植物生理学の目指す方向と基本的に変わらないのには驚かされる．この点で，テオフラストスは最初の植物生理学者と言ってよいであろう．その彼が扱った植物の大部分は被子植物であった．それには，十分な根拠がある．

1.3.1　進化程度の高い，多様な植物群

維管束植物の中で，現在最も多様化し，種の数と，現存量共に，他を圧倒しているのが被子植物である（表1.1）．被子植物は維管束植物の中で最も新しい植物群で，シダ植物から，裸子植物を経て進化したと考えられる．裸子植物と被子植物の分岐点に当る共通の祖先についての知見は今なお乏しいが，遅くとも1億2500万年前には被子植物が地球上に生育し，9～8千万年前には広く分布していたことを示す化石記録がある．現存する被子植物は，主要な二大グループである単子葉類（約6万種）と真正双子葉類（約20万種）に加え，モクレン類やスイレン類などの初期に分岐した数種の少数派グループに分類される．葉緑体DNAの塩基配列を基にした研究では，1億4千年前にはすでに，被子植物のこれらのグループは分岐していたと推定されている．

被子植物は進化の上で新しいグループであるというだけでなく，現在，最も盛んに種の分化が進行している植物集団でもある．とくに，形態や成長様式，環境に対する応答様式の多様化・高度化が著しい．われわれの身近に存在しながら，これほどに多彩な生命現象を営む植物集団は他にない．この点で，被子植物群は，生命のしくみに関する研究対象として興味の尽きない生物集団である．テオフラストスの昔より，被子植物が植物生理学の研究に用いられてきた最も大きな理由はここにある．

表 1.1 現生植物の種の推定数

植物群	種の推定数
シアノバクテリア	2000
真核藻類	49000-129000
（緑藻類　　16000)	
（紅藻類　　5500)	
（褐藻類　　2000)	
（珪藻類　　20000-100000)	
（その他　　5500)	
コケ植物	26000
シダ植物	15000
裸子植物	946
被子植物	268000
全植物	361000-441000

現生植物種の 2/3 を被子植物が占める．（Flindt, 2007；堀口，2010；Stevens, 2011 に基づき作成）

17 世紀のロンドン王立協会は，自然の理（しくみ）の探究という視点から，ニュートンやフックなど近代科学を築いた自然哲学者が活躍した科学史に残る舞台の 1 つである．フックがコルクガシのコルク層を顕微鏡で観察し，それを細胞と名づけたのが細胞学の始まりとなったが，その動機は，コルク層という独特の特性をもつ植物組織のしくみを知ろうとする知的好奇心であった．同じ時期に，同協会のメンバーであるグリューが，やはり植物体の中の知られざる世界の探究という自然哲学の視点から，膨大な数の被子植物について，各器官の組織や細胞を顕微鏡下で克明に観察し，植物の成長や，生殖，形態形成のしくみに関する膨大な知見を残している．当時の自然哲学者が被子植物を研究の対象に選んだ重要な動機も，おそらく，その多様な生命形態の不思議さと，面白さにあったのであろうと推測できる．

被子植物を研究するもう 1 つの理由は，それが，われわれの生存の基盤となる植物集団であることである．被子植物は，食料や天然素材，さらに循環型バイオマスエネルギーの主要な供給者であるばかりでなく，人類が最も親しんできた生物群である．また，われわれが生息する地球環境に最も大きな影響を与える生物集団でもある．これも 2300 年前から，テオフラストスが

■ 1章　なぜ被子植物か

> **コラム 1**
> **植物生理学者テオフラストスの観察眼**
>
> 　紀元前 4 世紀に，アリストテレスの後を継いでアテナイのリュケイオン（学園）の二代目学頭に就いたのが，テオフラストスである．万学の祖と言われるアリストテレスがもっぱら動物を研究対象としたのに対して，テオフラストスは，それを補完するかのように，多様な植物について，比較生理学の手法でその成長やはたらきの多様性そのものを研究対象とした．この点で，テオフラストスは最初の植物生理学者として後世に名を残すことになるが，彼には，もう 1 つの側面がある．彼は，人間の性格を描いたエッセー集を残している．そこには当時の市井の人々の多様な行動がシニカルに活写されている．古代ギリシャの哲人の著作の中にあって，テオフラストスのエッセーが異彩を放つのは，彼の類いまれな人物観察力に因るところが大きいが，その観察力は，彼の研究テーマの一つが植物の生き方の多様性であったことと無縁ではないであろう．
>
> 　　　　　（テオプラストス著，森 進一訳，『人さまざま』，岩波文庫）

見通していた重要性である．19 世紀に近代植物生理学がドイツでザックスやペッファーにより確立されて以降は，作物である被子植物は基礎科学・生産科学の両面から，その機能や成長のしくみが集中的に研究されてきた．メンデルが遺伝のしくみの研究に使ったエンドウや，オーキシンやジベレリンの発見につながった研究で用いられたアベナやイネが，いずれも，作物として人類が品種改良を続けながら生活基盤にしてきた被子植物であるのは決して偶然ではない．

1.3.2　モデル植物

　20 世紀の中頃から，特定の生物種を研究のモデル生物に定め，集中的にその生物の遺伝子を研究する手法が生物学に導入された．陸上植物として最

初の研究標的に選ばれたのは，実用とは縁遠いシロイヌナズナという小型の真正双子葉植物であった．この植物は，それまで遺伝学の研究に細々と使われていたが，特定の研究者集団以外では無名の植物であった．作物でもなく，ただの雑草であるため，われわれの生活に直接関わることの少ない生物種であったが，生活環が比較的短いこと，小型で個体当たりの種子数が多いこと，染色体数が5対と少なく，しかもゲノム当たりの塩基配列数が少ないこと，などの利点をもっていたため，分子遺伝学が展開を始めると，瞬く間に植物科学共通の実験材料として普及した．

さらに，2000年12月にシロイヌナズナのゲノムの全塩基配列が解読された．これは，陸上植物としては初めてのことで，ここに至ってシロイヌナズナは，酵母，線虫，ハエ，マウスと並ぶ代表的なモデル生物となった．このような事情から，1990年以降に展開した植物生理学の研究は基礎，応用にかかわらず，シロイヌナズナをモデルとして用いて進められるようになり，その後20年足らずの間に，この植物の遺伝子機能や発生過程，生理機能に関して膨大な知見が蓄積した．

21世紀になると，シロイヌナズナのゲノム解読に引き続き，単子葉植物の作物であるイネ，木本の真正双子葉植物であるポプラなどのゲノム解析が進み，被子植物の解析に益々拍車がかかった．さらに，被子植物との比較という視点から，蘚類や苔類，裸子植物など，さまざまな植物群を代表するモデル植物種についてゲノム解析が進んでいる．本書で述べる知見の多くは，これらモデル植物の解析から得られたものである．

1.4 陸上環境への適応

生命現象の場である原形質の活動が水なしに進まないのは，地球型生命に共通する特性である．この特性は，数十億年の進化を経ても変わることがない．母なる海で生まれた地球型生命体は水溶液という環境から離れることができないようである．気相の大気は，液相から成る生命体にとって，ほとんど宇宙空間にも匹敵する異質な環境である．

大気環境が水中環境と根本的に異なる点として，①乾燥していること，②

■ 1章　なぜ被子植物か

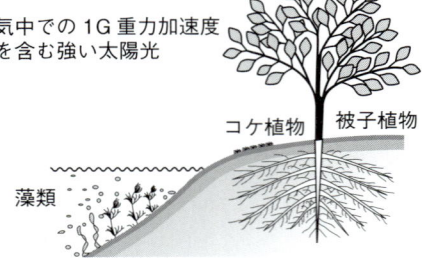

図 1.4　陸上の環境
乾燥した大気環境に適応するためには，根から水と養分を吸収して地上部に輸送する維管束系の進化と同時に，表皮細胞をクチクラ層で被い，体表からの水の気化を防ぐ工夫も必須である．大気の浮力は，海水中の 1000 分の 1 であるので大型化するには，土壌に根を張って，支持組織により地上部を支えながら，細胞伸長により枝を伸ばし，葉を展開し，太陽光と二酸化炭素を効率よく捕獲できる体制の構築と維持が不可欠である．海中よりもはるかに強い太陽光を利用するには，紫外線や酸素による酸化ストレスを防ぐ工夫も必須である．

密度が水の約 1000 分の 1 で浮力が小さいこと，③紫外線を遮る効果が少ないことなどをあげることができる（図 1.4）．太陽光が照りつける乾いた陸上は，生命にとって，今も昔も，極限環境ということができる．したがって，陸上植物の生命活動のしくみを理解するには，この極限環境への適応という視点が常に必要である．

1.4.1　浮力のない環境

海や陸水では，ほとんどの植物は水の浮力に支えられながら，浮遊して生きる．プランクトン（浮遊生物）と呼ばれる生命形態である．また，大型化して水底に固着して生きる多細胞植物であっても，水の浮力が植物体を支えるため，自身で重みを支える必要はない．コンブやワカメ（不等毛植物の褐藻類）が陸に打ち上げられた姿をみれば，海水の浮力の重要さがよくわかる．

大気中ではそうはいかない．休眠胞子や花粉，乾燥種子などは，一時的に，風に舞うこともあるが，大気中で恒常的に原形質活動を行う植物はまれである．水を含む土壌，ときには他の植物や水面に定着した上で，大気中に葉や茎を展開するのが典型的な陸上植物の生き方である．そのためには，大気中で，姿勢を制御しながら，重力に抗して自身を支え，風に吹き倒されずに太

陽光を効率よく利用するしくみが必要となる．

　維管束植物が大気中で大型化する上で，決定的な役割を果たしたのは，自在に形を変えることができる伸展性を備えた一次壁と，力学的強度と高い疎水性を備えた二次壁の進化である．両者の使い分けにより，維管束植物は，植物体内に水や物質を輸送する通道組織をつくり，同時に根や茎，葉を大きく伸ばしながらも，大気中でその重みを支えるしくみをつくり上げることが可能となった．

　また，姿勢を制御するために，重力や光などの環境信号の方向を感受し，それを基にした精緻な姿勢制御のしくみを進化させた．代表的な姿勢制御反応である重力屈性や光屈性は，いずれも成長過程を通して植物の姿勢を変えることから，成長運動とも呼ばれる．

　これらの環境シグナルを体内に伝達し，情報を統合しながら，最適化した植物の体制をつくるために，陸上植物は，植物ホルモンという独自のシグナル伝達系を発達させたと考えられる．近年解読が進んでいるコケ植物や被子植物の多種類のゲノムの情報の比較解析より，植物ホルモンによる情報伝達や転写因子による形態形成の制御を通して，植物の形づくりのしくみの進化の跡が明らかにされつつある．

1.4.2　乾　燥

　陸上で恒常的に水を獲得するために，維管束植物は，土壌中の水を地下部の器官（根）から汲み上げ，地上部（茎・葉）全域に長距離輸送するしくみ（維管束系）を進化させた．維管束は，道管を通して土壌から地上部へ水と養分を輸送するだけでなく，師管を経て同化産物を葉などの供給源（ソース）から地下部や花などの消費器官（シンク）へ運ぶ物質輸送の機能や，師部や木部を介した器官間の情報伝達機能，さらに地上部を支える支持機能を兼ね備えた複合装置である．

　根から吸収した水の流出を防ぐために，表皮の細胞壁表面は，クチクラと呼ばれる水やガスを通しにくい絶縁構造で覆われている．クチクラはとくに地上部でよく発達し，葉でのガス交換はもっぱら気孔を通して行う．陸上植物は大気の乾燥状態や光強度に応じて，気孔の開閉のタイミングを精緻に制

御し，光合成効率と蒸散による葉の冷却効果を最適化するしくみをつくり上げてきた．また，花粉や種子，果実の表面の疎水性の絶縁構造は，器官と外界との間の水の出入りを遮断し，組織内の水分状態を比較的長期にわたって一定に保つためのもので，陸上での植物の繁栄に不可欠なしくみである．

それでも植物体が乾燥状態に曝されることは避けられない．乾燥は，植物の生存を直接脅かす点で最も深刻な環境ストレスである．植物は乾燥ストレスを組織の浸透圧ストレスとして感知し，それに対処するために，成長などの通常の細胞活動を抑制あるいは，停止して，乾燥耐性を高めるための特化した細胞活動を発動する．この反応は，乾燥という危機に対する植物の活動モードの切り替えと考えると理解しやすい．このモードの切り替えは，植物ホルモンであるアブシジン酸や，ある種の転写因子により制御されている．

1.4.3　太陽光

太陽光は，光合成に不可欠であるが，その中には可視光線だけでなく，細胞に有害な赤外線や紫外線が含まれる．陸上の光環境は，海の中とはまったく異なり，今もなお，生物に深刻なストレスを与えている．

赤外線による植物体表面の温度上昇は，蒸散による冷却効果により対応していることは先ほど述べた．

一方，紫外線や強い可視光線は細胞内でさまざまな化学反応を引き起こして代謝を撹乱するので，植物にとっては，深刻な環境ストレスとなる．5億年前に地球大気の上層にオゾン層ができたため，太陽光に含まれる短波長（280 nm 以下）の紫外線Cの大部分が遮断されたとはいえ，それでも，地表には紫外線A（315〜400 nm）とB（280〜315 nm）が降り注ぐ．紫外線Bは，細胞内で有毒な活性酸素種〔スーパーオキシドラジカル（O_2^-），一重項酸素分子（$^1O_2$），ヒドロキシルラジカル（・OH）〕を生成させ，それらが，DNAなど，生体分子に深刻な損傷を与える．

植物の葉の表皮のクチクラ層は，この紫外線を一部吸収・反射する役目をも担っている．さらに，液胞内には，フラボノイド系化合物と総称されるアントシアン，フラボン，フラボノールなどを蓄積する植物が多いが，これらの化合物は，紫外線を吸収することにより，原形質に届く紫外線量を減衰さ

せる役割を担っている．

しかし，これらの紫外線フィルターだけでは，紫外線による活性酸素の発生を完全に抑えることはできない．また，光合成反応の過程でも活性酸素は発生する．植物は，これら有害な活性酸素を即座に分解し，無毒化するため，スーパーオキシドジスムターゼという酵素を細胞内に備え，活性酸素種を分解無毒化するしくみを備えている．また，万一，活性酸素によりDNA分子が損傷を受けたときには，それを修復するDNA修復機構のしくみを進化させてきた．

植物が太陽の光を浴びながら，涼しげな様子で生きることができるのは，これらさまざまなしくみを進化の過程で獲得したからである．

コラム 2
イネの紫外線耐性

熱帯から温帯の広い地域で栽培されているイネの紫外線Bに対する耐性は，品種により大きく異なる．寒冷地用イネとして1936年に日本で開発され，その後，多数の品種の親植物となった水稲農林1号という品種は標準的な紫外線耐性をもつものの，過剰の紫外線照射を受けると成長が損なわれる．一方，1963年に宮城県で生まれた品種ササニシキは紫外線耐性が強い．

両者の紫外線耐性の違いが，シクロブタンピリミジン二量体（CPD）光回復酵素のはたらきの違いによることが2000年に突きとめられた．CPD光回復酵素とは，紫外線Bにより傷ついたDNAの塩基対を認識し，修復する酵素である．ササニシキではこの酵素による修復が非常に速いのに対して，農林1号は酵素のアミノ酸配列が異なるため，ササニシキより修復速度が遅く，傷害を受けるのである．紫外線耐性において，DNAの損傷修復が重要な役割を担うことを示す事例の1つである（Hidema *et al*., 2000）．

2章 植物の遺伝子と細胞

　細胞の構造やはたらきが，動物と植物で大きく異なることは，細胞という概念ができた19世紀前半より良く理解されていた．一方，20世紀に確立した概念である遺伝子については，もっぱら真核生物間の共通点が強調されてきた．しかし，ゲノムの構造と遺伝子機能の解析が進むにつれ，生物種により遺伝子にも特徴があり，動物と植物にはそれぞれの特徴的な部分が少なくないことがわかってきた．遺伝子や細胞機能が，種に固有の生命戦略を反映しているとすれば，これは至極当然のことである．遺伝子や細胞に表れる生物種固有の特徴こそが，それぞれの生物種の重要な生命戦略ポイントである可能性が高い．ここでは，遺伝子と細胞の機能のうち，植物に特徴的な点を中心に概観することにする．生物一般に関する事柄については，分子生物学や細胞生物学などの教科書を見て頂きたい．

2.1　遺伝情報

　図2.1は，1958年にクリックにより提唱された中心命題（セントラルドグマ）に基づいた遺伝情報の流れと，現在の遺伝情報の流れを模式的に表したものである．半世紀前の遺伝子像は大きく変わり，今もなお流動的である．

2.1.1　ゲノム構造と転写制御

　細菌やシアノバクテリアなどの原核生物のゲノムは，数千の遺伝子からなるのに対して，真核生物では少し多くなり，ヒトやハエ，線虫などの後生動物では2万前後である（表2.1）．植物では3万前後と，さらに多くなる．植物の遺伝子がヒトなどの動物の遺伝子より多いのは偶然ではない．これについては後ほど触れる．

　細胞型や発生段階による細胞機能の多様性は数万の遺伝子群の中の各遺伝子の発現のON/OFFの組合せより生まれる．したがって，それらの発現を個別に制御するためには多数の転写因子が必要である．

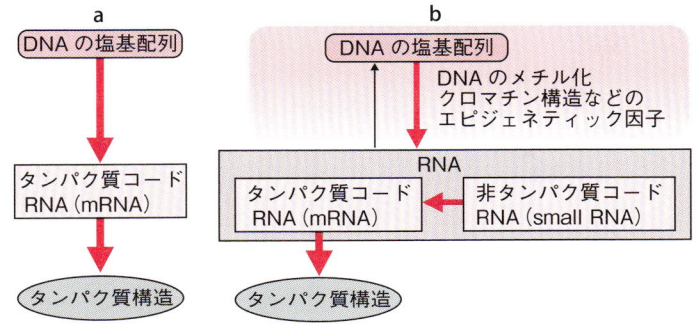

図 2.1 遺伝情報の流れと遺伝子像
a. 1958 年に提唱されたセントラルドグマ．b. 現在の遺伝子像．
DNA から RNA への情報の流れとは逆の情報の流れがあること，塩基配列以外にも後代に継承される遺伝情報の実体が存在すること，mRNA 以外にタンパク質合成の制御に関わる多様な RNA が存在することが，明らかになってきた．

シロイヌナズナやイネのゲノム上にはそれぞれ，約 1900 と約 2400 の転写因子遺伝子が存在するといわれる．1 つの遺伝子の転写制御は，複数の転写因子の組合せにより行われるので，数千種の転写因子で，数万種の遺伝子の転写を制御していると考えるのは容易である．

転写因子はその構造，すなわちアミノ酸配列の特徴からタンパク質ファミリーに分類される（表 2.2）．ファミリーの種類は生物種により異なり，とくに，陸上植物と動物では，大きな違いがある．たとえば，NAC ファミリーや AP2，LBD，GRAS などのファミリーは陸上植物に固有の転写因子ファミリーで，いずれも，陸上での植物の形態進化の過程で多様化した遺伝子群であると考えられている．

2.1.2 タンパク質コード遺伝子

転写される RNA にはタンパク質をつくるための暗号（コード）となるものと，ならないものとがある．前者をタンパク質コード遺伝子，後者を非タンパク質コード遺伝子または非コード遺伝子と呼ぶ．それぞれの転写後の RNA の編集と，そのはたらきを図 2.2 にまとめる．

真核生物のタンパク質コード遺伝子より転写されたばかりの RNA は pre-mRNA と呼ばれる．pre-mRNA 内の翻訳されない配列（イントロン）を削除

2章　植物の遺伝子と細胞

表2.1　植物と動物のゲノムの比較

	生物名	学名	ゲノムサイズ (Mbp)	推定タンパク質コード遺伝子数(千)	推定mRNA種(千)	文献
真正細菌	大腸菌	*Escherichia coli*	4.0	4.3		Science **277**, 1453 (1997)
シアノバクテリア	アナベナ	*Anabaena* sp. PCC 7120	7.2	6.1		DNA Res. **8**, 205 (2001)
コケ植物	ヒメツリガネゴケ	*Physcomitrella patens*	480	35.9		Science **319**, 64 (2008)
維管束植物	シロイヌナズナ	*Arabidopsis thaliana*	157	26.5	34.8	http://www.arabidopsis.org
維管束植物	ポプラ	*Populus trichocarpa*	480	45.0		Science **313**, 1596 (2006)
維管束植物	イネ	*Oryza sativa* ssp. *japonica*	371	32.0	44.1	Nature **436**, 793 (2005) http://rapdb.dna.affrc.go.jp/
後生動物	センチュウ	*Caenorhabditis elegans*	98	19.1		Science **282**, 2012 (1998)
後生動物	ショウジョウバエ	*Drosophila melanogaster*	130	13.6		Science **287**, 2185 (2000)
後生動物	ヒト	*Homo sapiens*	3200	20.5	62.0	Science **316**, 1113 (2007)

ゲノムサイズ（ゲノム当たりの塩基対数）は生物種により大きく異なるが，遺伝子の数は，真核生物では1万から5万の範囲におさまるようである．一般に，植物では動物に比べ，遺伝子数が多いのに対して，推定mRNA数（タンパク質数）はむしろ少ない．これは遺伝子の転写後のRNA編集様式の違いによる．

し，翻訳に必要な領域（エキソン）を残して，つなぎ合わせる過程を経てmRNAができる．この編集作業をスプライシングという．

　ヒトのタンパク質コード遺伝子数は約20000〜23000と推定され，被子植物のシロイヌナズナ（約26500），イネ（約32000），ポプラ（約45000）よりも少ないことはすでに述べたが，転写されるmRNAやタンパク質の数は，遺伝子の数より多く，その数は生物種により異なる．ヒトのmRNAは約62000種と推定され，イネ（約44000）やシロイヌナズナ（約35000）の推定mRNAよりも，むしろ多い．このようなことが起こるのは，1つの遺伝子から複数の異なるスプライシングの仕方により，1種類以上のタンパク質を翻訳するしくみがあるためである．これを選択的スプライシングという．また，同じ遺伝子でも，転写の際に開始点が異なる場合もある．これを選択的転写開始という．

表2.2 植物に固有の転写因子と真核生物に共通の転写因子の例

転写因子ファミリー名	ファミリーの推定遺伝子数			
	シロイヌナズナ	ショウジョウバエ	センチュウ	酵母
AP2	25			
NAC	135			
B3	71			
LBD	43			
GRAS	36			
ARF	23			
MYB	159	6	3	10
MADS	82	2	2	4
bHLH	194	46	25	8
C2H2	104	291	139	53
ホメオボックス	89	103	84	9
bZIP	81	21	25	21
NHR		21	252	0
Adf-1		26	3	0
C6				52

（Riechmann *et al*., 2000；Zhang *et al*., 2011 に基づき作成）

選択的スプライシングは真核生物では普遍的にみられるが，後生動物は，植物よりもその選択性が多様で，つくられるタンパク質の種類も多い．このことから，植物は，選択的スプライシングによりタンパク質の数を殖やすよりは，むしろ遺伝子の数を殖やしてタンパク質機能を多様化する戦略を選んできたと言えよう．これは，植物のゲノム内の遺伝子数が動物よりも多い理由の1つである．

2.1.3 非タンパク質コード遺伝子

リボソーム RNA（rRNA）や，トランスファー RNA（tRNA）などは，タンパク質をコードしない RNA として古くから知られていたが，これら以外にも，ゲノム上には多数の，タンパク質をコードしない RNA 遺伝子が存在することが，今世紀になってから明らかとなった．これらは，独自の転写後修飾を受け，最終的には 19〜25 塩基程度の短い RNA としてはたらくため small RNA と総称される．これらの非コード RNA は RNA ポリメラーゼⅡと，その類縁の RNA ポリメラーゼⅣとⅤにより転写される点でメッセンジャー

■2章 植物の遺伝子と細胞

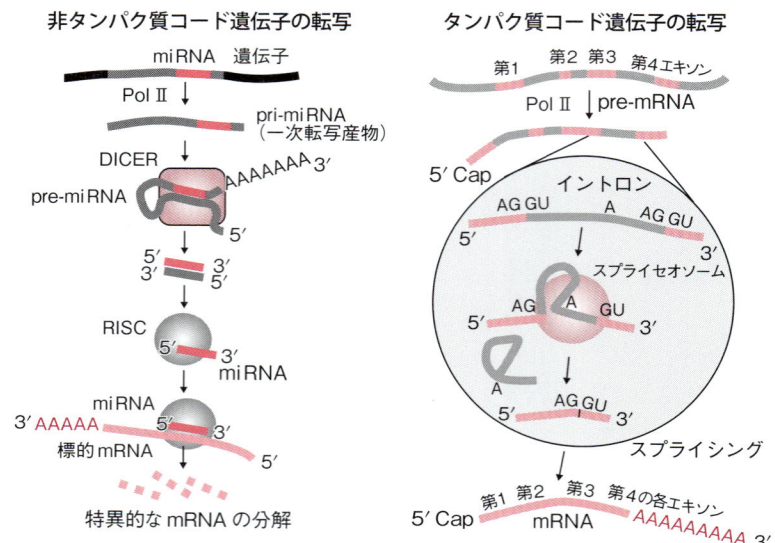

図2.2 RNAの編集
タンパク質コード遺伝子は転写後，スプライセオソームで編集を受けmRNAとなり，タンパク質合成の鋳型となる．一方，非タンパク質コード遺伝子であるmiRNA遺伝子は，転写後，DICER（DCL1）により切断され，19～25のヌクレオチドからなるmiRNAとなり，RISC内のRNA分解酵素により，miRNAと相補的なmRNA（標的mRNA）を分解し，そのはたらきを特異的に抑制する．シロイヌナズナには，数百のmiRNA遺伝子が存在する．（Ramachandran *et al.*, 2008 を参考に作図）

RNA（mRNA）に近い．転写後の編集のしくみは非常に複雑で，その機能も多様である．植物では short interfering RNA（siRNA）と micro RNA（miRNA）が代表的な small RNA である．

　miRNAをコードする遺伝子から転写される pri-miRNA は，その内部に互いに相補的な逆向きの塩基配列をもち，ヘアーピン型の部分的な二本鎖構造をつくるのが特徴である．二本鎖の pre-miRNA は DICER と総称されるリボヌクレアーゼの作用を受けて，19～25塩基長の一本鎖の成熟したmiRNA になる．miRNA は RISC（RNA-induced silencing complex）という複合体に取り込まれ，複合体内の構成タンパク質であるアルゴノート（AGO）

と結合し，miRNA鎖と相補的な特定のmRNAを認識し，分解する．このしくみで，miRNAは特定遺伝子の転写後の発現を特異的に抑制する．被子植物のゲノムには，数百のmiRNA遺伝子が存在し，それぞれの遺伝子には，特異的な標的遺伝子が存在する．miRNAによる転写後発現抑制の標的となる遺伝子には，植物の胚発生や形態形成の制御に関わる遺伝子が少なくない．

一方，siRNAは植物がウイルスに感染したときや，人為的に遺伝子が導入されたときに，それに応答して生成するsmall RNAである．siRNAも二本鎖RNAを経由して，19〜25塩基からなるが，その編集過程は同一ではない．

2.1.4 エピジェネティックス

DNAの塩基配列以外の遺伝情報が存在する．これらは，メンデルの遺伝の法則に従わないことが多いことから，古典的なメンデル遺伝と区別してエピジェネティックな遺伝と呼ばれてきた．エピジェネティックな遺伝情報の主要な実体は，DNAのメチル化と，ヒストンの修飾である．

図2.3はクロマチンの構成単位であるヒストンの修飾と，DNAのメチル化の相互作用により遺伝子発現が制御され，その状態が後代にも伝わる過程を模式的に表したものである．

DNAはヒストン八量体に巻き付いて収納されている．各ヒストン分子のN末端（ヒストン尾部）のリシン残基がメチル化やアセチル化などの修飾を受けると，その状態によりDNAとヒストンの相互作用が変化し，その領域の遺伝子の転写活性が変わる．このしくみで，ヒストン尾部の修飾状態を通して，遺伝子発現が制御されている．

一方，ゲノム上の特定の領域内のシトシン塩基が，DNAメチル基転移酵素のはたらきでメチル化されることがある．とくに反復配列の多いゲノム領域の中のCG配列中のシトシン残基がメチル化されやすい．DNA分子がメチル化されると，それを認識する因子（MBDタンパク質）が結合し，それが引き金となり，ヒストン脱アセチル化酵素の作用により，ヒストン尾部の修飾が起こる．その結果，ヒストンとDNAとの結合が強まり，そのDNA領域の転写が抑制される．

DNAの二本鎖のうち，片方の鎖がメチル化されると，そこにDNAメチ

■ 2章　植物の遺伝子と細胞

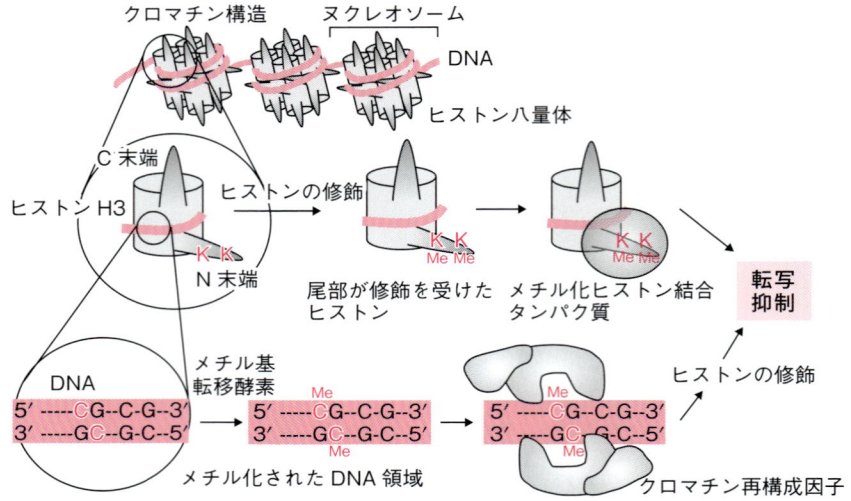

図 2.3　DNA メチル化とクロマチン再構成
クロマチン構造の単位であるヌクレオソームはヒストンの八量体と DNA の複合体である．八量体の中の一つであるヒストン H3 分子の N 末端側のリシン（K）のメチル化（Me）や，DNA のある領域のシトシン塩基（C）のメチル化（Me）により，転写が制御される．この転写抑制は後代に受け継がれることがある．（Suzuki, 2008；Sanchez, 2008 を参考に作図）

ル化酵素が集まり，他方の鎖もメチル化され，メチル化の状態は，細胞分裂後も保存される．その結果，メチル化により遺伝子発現が抑制される状態は，遺伝形質として後代に受け継がれる

　反復配列とは別に，small RNA のはたらきによって，特定の標的遺伝子のメチル化が引き起こされることがある．また，一般に発生段階の進行と共に特定の組織で DNA のメチル化状態が変化することから，DNA メチル化は植物を含めた真核生物の発生に伴う転写の制御にも積極的な役割を担っていることがわかる．

2.1.5　遺伝子ファミリー

　1つの生物のゲノム内にはよく似た構造（塩基配列）をもつ遺伝子が複数存在することがよくある．これらの遺伝子は，元は1つであったものが，進化の過程で，ゲノム内の一定領域がコピーされて生じたと考えられている．

コラム3
DNAのメチル化の制御

　DNAのメチル化は，外来遺伝子やトランスポゾンなどの異質な遺伝子の発現を抑制することや，発生過程に応じてゲノム内の広い領域の発現を一まとめにして抑制することなど，ゲノムの転写活性を包括的に管理する上で重要な過程である．とくに反復配列のあるDNA領域のシトシンのメチル化はクロマチンの安定化に重要とされている．シロイヌナズナでは，DDM1というクロマチン再構成因子がこの過程に必須である．一方，広いDNA領域を一括りにメチル化することにより，発現すべき遺伝子までもがメチル化され，不活性化されることになれば，正常な生命現象が立ちゆかなくなる．それを防ぐために，特定の遺伝子がメチル化されないようにするしくみがあることがわかってきた．シロイヌナズナのIBM1はjmjC-ドメインファミリーというグループに属するタンパク質で，これを欠損した変異体 *ibm1* では，通常はメチル化されないはずのゲノム領域までもがメチル化されて転写が抑制され，その結果，発生過程が著しく抑制される．このことから，DNAメチル化は，メチル化を促進する因子と，抑制する因子の独立したはたらきにより制御されていることがわかる．

　これらのことから，塩基配列に基づく制御とは別の転写制御が，DNAメチル化によりかなり精緻に行われていることがわかる．その詳細が明らかになれば，現在の遺伝子像は，さらに，大きく改訂されることになるだろう（Saze *et al*., 2008）．

このように祖先を同じくし，類似した構造をもつ遺伝子をパラログ遺伝子または側系遺伝子という．また，その集団を多重遺伝子ファミリー，または，単に，遺伝子ファミリーという．それに対して，ファミリーを形成しない（パラログがゲノム内に存在しない）遺伝子をシングルトンという．

　植物ゲノムは，他の生物に比べて，遺伝子重複が多いのが特徴である．シ

ロイヌナズナの遺伝子の65％にパラログ遺伝子が存在し，37％の遺伝子が，6個以上のパラログ遺伝子をもつ．それに対して，ショウジョウバエや線虫ではパラログをもつ遺伝子はそれぞれ28％，44％で6個以上のパラログ遺伝子が存在するのは，12％，24％に留まる．植物にパラログが多いことは，植物のタンパク質コード遺伝子数がヒトなどの動物より多い理由の1つである．

パラログ遺伝子間では，タンパク質の酵素機能の多様化だけでなく，遺伝子発現特性が多様化していることが多い．次の節で述べる細胞周期に関わるサイクリンやCDK，遺伝子発現に関わる転写因子などは，植物でとくに多様化が進んだ遺伝子ファミリーである．また，植物に特徴的な機能である細胞壁の合成や分解に関わる酵素の遺伝子のほとんどが，例外なく遺伝子ファミリーを形成する．典型的な遺伝子ファミリーは，数十種から百種以上のパラログ遺伝子から成り，それぞれが固有の組織や発生段階ではたらくように明確な役割分担がみられる．

2.2 細胞周期

2.2.1 細胞周期の発見

ソラマメの根端分裂組織に，放射性同位体である^{32}Pを取り込ませる実験により，①DNA合成は間期の特定の時期にのみ起こること，②細胞分裂期にはDNAの合成が起こらないこと，③DNA合成期と細胞分裂期の間には，必ず時間的な間隙があることが1953年に明らかになった．この間隙は"Gap"と呼ばれた．この実験結果から，細胞分裂の周期は，DNA合成期（S期），細胞分裂期（M期），と，その間の2つの間隙期（G_1，G_2期）からなり，G_1期→S期→G_2期→M期→G_1期の順に進むという今日の概念ができあがった（図2.4）．

2.2.2 幹細胞とG_0期の細胞

植物体は細胞分裂を行う組織が限定されている．それを分裂組織あるいはメリステムという．分裂組織の中でも分裂をくり返すのは一部の細胞に限られる．これを幹細胞という．幹細胞は原則として分裂組織の一方の端に配置されている．つまり分裂組織には方向性がある．

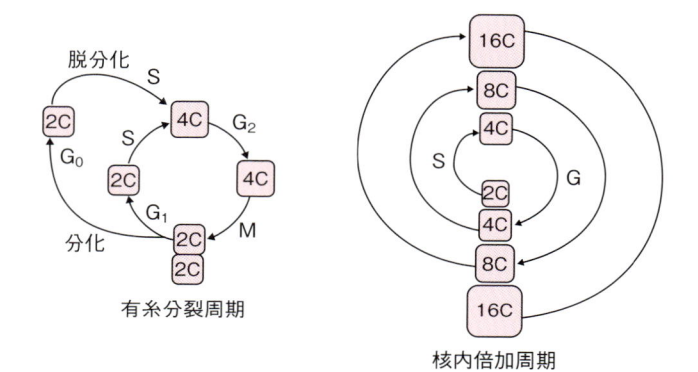

図 2.4　細胞周期
細胞周期には有糸分裂を経る有糸分裂周期と，分裂を経ない核内倍加周期の2つがある．前者は DNA 合成期（S 期）に核 DNA 量が2倍となり，細胞分裂期（M 期）を経て，再び元の核 DNA 量となる．これに対して，後者では，M 期をスキップして S 期がくり返す．そのため，核 DNA 量は指数関数的に増加する．四角は細胞を，その中の数字は核 DNA 量を示す．1C は配偶子（$1n$）の生殖細胞核に含まれる DNA 量を表す．核内倍加により核 DNA 量が増加するにつれ，一般に，細胞体積も増加する．（Sugimoto-Shirasu *et al.*, 2003；2005；Tsukaya, 2008 参照）

幹細胞以外の大多数の細胞は，一定の回数（数回から数十回）分裂をくり返した後，G_1 期で細胞周期の進行を止め，細胞が分化すると細胞周期から外れる．細胞周期から外れた細胞は G_0 期にあるという．G_0 期の細胞は細胞周期の進行を止めてはいるが，環境条件や体内の生理状態が変わると，再び S 期に戻り，細胞分裂を再開し，細胞周期に入ることがめずらしくない．分化が進み，分裂を停止していた G_0 期の細胞が，何らかのきっかけで分裂を再開し，細胞周期に戻ることを脱分化と呼ぶ．これは植物細胞の分化全能性を示すよい例である．このように，G_1 期から G_0 期への移行は一方通行ではなく，いずれ G_0 期から S 期へ戻ることもあるので，G_0 期も細胞周期の一部であると見なすことができる（図 2.4）．

2.2.3　核内倍加と補償作用

1つの細胞核に含まれる DNA 量（核 DNA 量）を表すのに C の単位を使う．1C は一組のゲノムの DNA 量を示し，減数分裂によってできる $1n$ の生殖細胞核に含まれる DNA 量と定義される．

齢の進行した組織内には，通常の 2C 以外に，4C，8C，16C，32C など，核 DNA 量が二倍ずつ増加した細胞がかなりの高頻度で見られる．このような核 DNA 量の指数関数的な増加は，M 期がスキップされ，核分裂を行わずに S 期がくり返されることにより生じる．核分裂を経ずに核内の DNA 量のみが倍加することから，核内倍加という．また，有糸分裂を伴う細胞周期と区別するときには，それぞれ核内倍加周期，有糸分裂周期と呼ぶ．核内倍加周期では，G_1 と G_2 の区別がないので，図 2.4 右の模式図では，単に G 期と表している．

核内倍加は一般に組織の分化の過程で加齢と共に進行する．また，ある一定の核 DNA 量の範囲内では，核内倍加が進むと，細胞体積も増大する．

倍数体化は，染色体数が倍加する点で，核内倍加とはまったく異なる現象であるが，両者とも核 DNA 量が倍加するので，核 DNA 量（C 値）と細胞サイズを比較するのに都合のよい現象である．倍数体は，植物種子をコルヒチンで処理することにより容易につくることができる．コルヒチン処理によりつくった 4C，8C のシロイヌナズナ倍数体の葉の細胞の体積は，2C のそれよりも大きい．このことからも，核 DNA 量が細胞サイズと密接に関連していることがわかる．核 DNA 量が細胞サイズを制御するしくみは依然不明な点が多く，その詳細は今後の解明を待たなければならないが，その過程にはゲノム再編が関係していることがわかってきている．

注意しなければならないのは，核 DNA 量が倍加すれば，それだけで常に細胞体積が増すとは限らないことである．また，被子植物では，細胞サイズの増加が，そのまま，器官全体のサイズの増加につながるものではないことを示す事例が知られている．シロイヌナズナでは，たとえば，葉などの 1 つの器官について，それを構成する細胞の数あるいは体積などの 1 つのパラメータが変わる変異が生じても，他のパラメータが同時に変化し，器官全体のサイズには細胞レベルの変異の影響が現れないことがよくある．まるで，変異を別のパラメータの変化により補償し，器官全体の大きさを一定に保っているかのようにみえることから，この現象は補償作用と名づけられている．

2.2.4 細胞周期の制御

細胞周期の主要なポイントでは，進行具合がその都度チェックされ，次のステップへの進行の可否が判定される（図 2.5）．不可と判断されると細胞周期はその状態で停止し，進行可の判定が下って，初めて，分子スイッチが入り，次の段階に進行する．チェックポイントは多数存在するが，とくに重要なのは，G_1 期から S 期への進行と，G_2 期から M 期への進行過程である．それぞれ，G_1/S チェックポイント，G_2/M チェックポイントという．各ステップの分子スイッチとなるのはサイクリン依存性キナーゼ（CDK）である．

CDK には活性型と不活性型の 2 つの状態があり，活性型となったときにのみ，特定のタンパク質をリン酸化し，それが細胞周期を進行させるスイッチとしてはたらく．先ほど比喩的に進行可否の判断といった過程は，CDK の活性化を通して進む．この過程には複数の制御因子が関与する．最も重要な因子はサイクリンで，その名の通り，CDK の活性化はこの分子に依存している．細胞内のサイクリン濃度は常に制御され，その濃度が閾値を超えると CDK に結合しサイクリン/CDK 複合体を形成する．しかし，それだけでは CDK は活性化されない．活性化されるには CDK タンパク質の特定の部

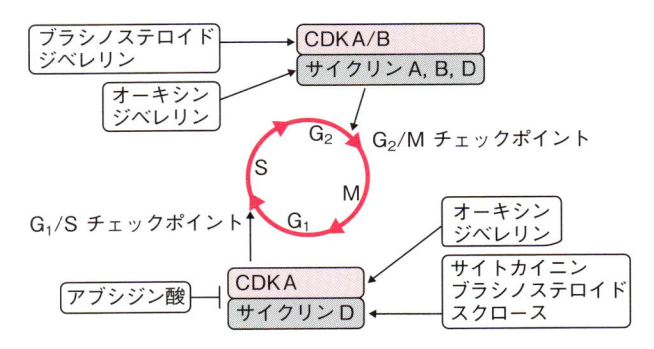

図 2.5　サイクリン/CDK による細胞周期の調節

G_1 期から S 期，G_2 期から M 期への移行がとくに重要なチェックポイントである．CDK は特定のサイクリンと結合して活性化されることにより，チェックポイントで細胞周期を進行させるはたらきを発揮できるようになる．A 型 CDK（CDKA）は真核生物に共通に存在するのに対して，B 型 CDK（CDKB）は陸上植物に固有である．CDK とサイクリンのそれぞれの発現や活性は植物ホルモンなどのシグナルにより制御される．（Inzé *et al.*, 2006 を参考に作図）

位がリン酸化と脱リン酸化を受けなければならない．

　サイクリン自体は酵素作用をもたないので，CDK のリン酸化や脱リン酸化には別のリン酸化酵素や脱リン酸化酵素が必要になる．したがって，これらの酵素も細胞周期の制御因子ということになる．

2.2.5 サイクリンと CDK

　サイクリン類や CDK 類は，被子植物では非常に種類が多い．動物のサイクリン類は 10 種程度であるのに対し，シロイヌナズナやイネには 50 種以上も存在する．たとえば，G_1/S チェックポイントや G_2/M チェックポイントで重要な役割を担う D 型サイクリンは被子植物では 6 グループに多様化し，シロイヌナズナ，イネ，ポプラではそれぞれ 10 種，13 種，22 種存在する．一方，同じ陸上植物でも蘚類のヒメツリガネゴケには 2 種類の D 型サイクリンが知られるのみである．被子植物への進化の過程でサイクリン遺伝子が多様化したことがわかる．

　サイクリンは有糸分裂周期だけでなく，核内倍加周期の制御にも中心的な役割を担っている．シロイヌナズナでは A 型や D 型のサイクリンが核内倍加周期の制御に関わる．

　CDK も被子植物では種類が多い．また，植物に特異的な B 型 CDK が存在する．A 型 CDK は，動物にも植物にも存在し，常時転写・翻訳され，細胞内濃度は一定であるが，植物固有の B 型 CDK は遺伝子発現のレベルでも制御を受け，細胞周期の各段階に応じてタンパク質量が特異的に変動する．すなわち，植物の細胞周期は CDK の量的な変動とリン酸化によるタンパク質の活性化の双方により制御されていることになる．さらに，これらの過程は一般に複数種の植物ホルモンの制御下にあるのも植物の特徴である．

2.3　細胞分裂

2.3.1　分裂面と分裂の様式

　植物の多細胞体のかたちは，個々の細胞の分裂のタイミング（細胞周期）と，細胞分裂面の方向，さらに分裂後の細胞の形の変化（細胞成長）によって決まる．このうち，細胞分裂と細胞成長の様式は，動物と植物で大きく異なる．

動物細胞は，アクチン繊維とミオシンからなる収縮環が赤道面で細胞膜を絞りこみ，最終的にくびり切られることにより分裂し，できた娘細胞は分裂直後には分離している．組織を形成するには，一度分離した細胞を再び接着しなければならない．したがって，接着の仕方が組織や器官の形状を決めることになる．

一方，植物細胞は，厚く強靱な細胞壁をもつために動物のように細胞をくびり切ることができず，親細胞の中に細胞板という新しい細胞壁をつくり，細胞を「仕切る」ことにより細胞を2つに分ける分裂法を進化させてきた．この方式はコケ植物から被子植物に至るすべての陸上植物に共通である．分裂後の娘細胞同士は，「仕切り板」としてできた細胞壁により接着されているため，両者の空間軸上の位置関係は原理的には終生変わらない．細胞壁をもつことに起因する空間軸の制約は植物の全発生過程を規定する基本的な枠組みである．

2.3.2 分裂装置

M期は，核膜が消失する前期，染色体が赤道面に並ぶ中期，染色体が両極へ移動する後期，娘細胞の核膜が形成され細胞質が分裂する終期からなる．これらの過程を，動物との違いに注意しながら，細胞骨格の視点からまとめておこう（図2.6）．

a. 前期前微小管束：G_2期の終わりの頃に，それまで細胞の表層全域に存在していた表層微小管が中央部に集まり，やがて消え始め，最後に将来の細胞質分裂面を囲むように残る．前期の前に形成されることから，前期前微小管束（PPB）と呼ばれる．したがって，有糸分裂が始まる前のG_2期の段階で，すでに将来の分裂面が決定されていることになる．

PPBが分裂期に完全に消失した後に，その部位に正確に細胞板が形成され，細胞膜と融合する．このことは，将来の細胞分裂面の位置がPPBが局在していた跡として細胞膜または細胞壁上に，何らかの形で，記憶されていたことを示している．記憶の実体は不明である．

b. 動原体微小管：M期の前期から後期にかけて動原体微小管が現れ，染色体のセントロメア領域で動原体という装置を介して結合して，染色体を二

■ 2章　植物の遺伝子と細胞

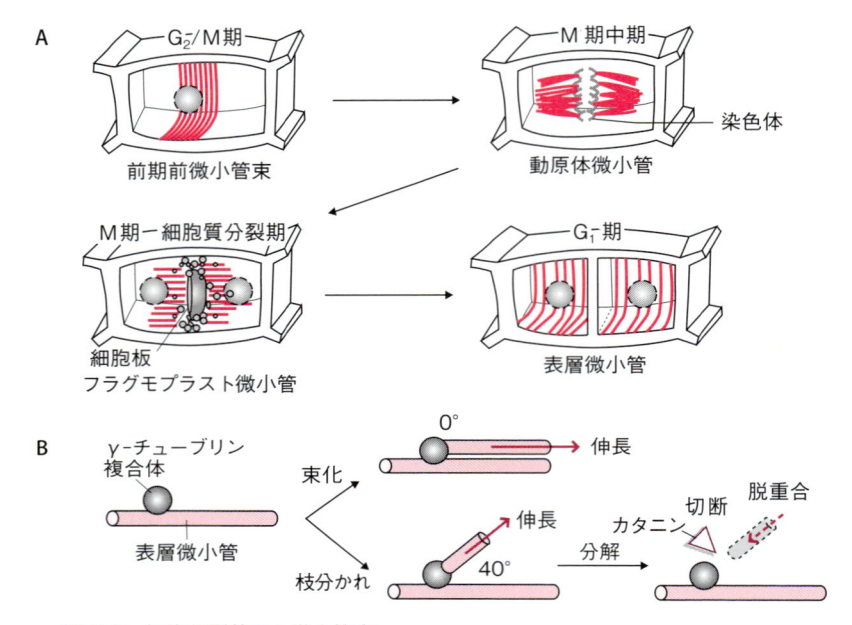

図 2.6　細胞分裂装置と微小管束
A：細胞周期の各段階での4種類の特徴的な微小管束．B：既存の表層微小管の側面にγ-チューブリン複合体が形成され，40度，または0度の角度で新たな微小管束が伸長し，それぞれ，枝分かれ，または束化が進む．伸びた微小管はカタニンによる切断，または脱重合により分解される．（Raven, 2005；Murata *et al.*, 2005；Nakamura *et al.*, 2010を改変）

細胞の両極に分離する過程が進む点では動物の場合とよく似ている．また，動物に見られる中心体は，陸上植物では見られないが，機能的には保持されていると考えられている．植物が動物と異なるのは，紡錘体が複数の焦点からなる広がりのある極をもつ点である．

c．フラグモプラスト（隔膜形成体）微小管：娘染色体が分離した後，分裂面に垂直な微小管の束が現れ，2つの娘細胞核の周辺のゴルジ体から，分泌小胞が微小管にガイドされながら分裂面方向に輸送される．分裂面上に集合した小胞は，分裂面に沿って融合して円盤状の膜系となり，遠心方向に広がり，将来の細胞板の原型が形成される．分裂面に垂直な微小管と，それにより輸送される多数の小胞，形成途中の細胞板からなる複合構造をフラグモ

プラストと呼ぶ．

   d．表層微小管：M期以外の $G_1 \to S \to G_2$ の時期は細胞膜の内側に多数の微小管が張り付いている．これらを表層微小管という（図2.6）．既存の微小管上の γ-チューブリン複合体を重合核として，枝分かれ，または，束化が進む．伸びた微小管は，カタニンによる切断や脱重合による分解を受け，刻々と方向や位置を変えながら，G_1 期の細胞表面でのセルロース微繊維の配向を制御し，細胞伸長の方向を決定する役割を担う（4.2.1参照）．

2.3.3 細胞板と細胞壁

　フラグモプラストによって，分裂面上の細胞板に細胞壁成分が小胞輸送され，細胞板はさらに遠心状に広がり，最終的には，細胞膜と融合し，娘細胞を隔てる新しい細胞壁となる．細胞板の形成に関わる小胞はゴルジ体由来のものと，エンドサイトシスにより細胞膜から回収されたエンドソーム由来のものとがある．後者は，エンドサイトシスの段階で回収された古い細胞壁の成分を含み，それは，細胞壁新生のための材料として再利用される．

　細胞質分裂が完了すると，細胞板由来の新生細胞壁の両面より，それぞれの娘細胞から細胞壁成分が分泌され，細胞壁が成熟する．この際，細胞板の段階から分泌されていた塩基性のエクステンシンやキシログルカン，カロースなどは，それぞれ酸性のペクチン性多糖類やセルロース微繊維の足場となると考えられる．成熟後も，細胞壁には隣接する2つの細胞の境界を示すかのように，その中央域にペクチンを多く含む細胞板由来の特徴的な層状の構造が残る．これを中葉という．（細胞壁については4章参照）

2.3.4 原形質連絡

　細胞板が形成される過程で，細胞板を貫くように小胞体膜が取り残される．その結果，細胞壁ができた後に，細胞壁内を貫く膜のトンネル構造が残る（図2.7）．これが一次原形質連絡である．これとは別に，細胞質分裂が終了し，細胞分化や細胞伸長が進む過程で，細胞壁に新たに孔が開けられて原形質がつながることが知られている．これを二次原形質連絡という．これにより，細胞壁面積あたりの原形質連絡の分布頻度は調節されている．

　原形質連絡は，陸上植物とその祖先である車軸藻類に特徴的な細胞装置で，

■ 2 章　植物の遺伝子と細胞

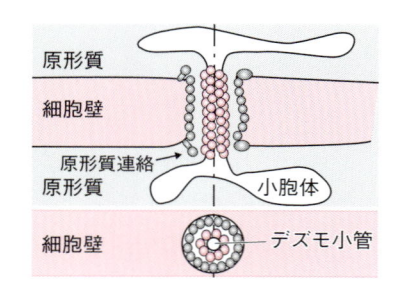

図 2.7　原形質連絡の縦断面（上）と横断面（下）
一次原形質連絡は，細胞質分裂時に細胞板を貫くように小胞体膜が取り込まれてできる二重の膜構造からなる細胞間通路である．図中の赤やグレーの球状の構造は，膜表面タンパク質を示す．これらのタンパク質は，物質輸送の調節に関わるとされる．一方，二次原形質連絡は，細胞壁が完成した後に，細胞壁を分解して，孔を開けて作られる．（Lucas *et al.*, 2004 を改変）

細胞壁を隔てた細胞間の物質移動に不可欠な役割を担っている．水や無機塩類だけでなくタンパク質や RNA など，さまざまな生体高分子が原形質連絡を通って細胞間を移動する．植物組織内の各細胞は細胞壁により隔絶しているように見えるが，実際は原形質連絡を通して，物質が行き来できる空間をつくっている．この連続した膜で囲まれた空間をシンプラストという．それに対して，シンプラスト膜の外側の細胞壁からなる空間をアポプラストという．植物体は，したがって，アポプラストとシンプラストの 2 つの異なる空間のモザイクとみることができる．

2.4　細胞分化

細胞周期の制御や細胞分裂面の決定を経て，多細胞体内での各細胞の位置が決まると，各細胞は細胞構造や機能を特殊化し，その位置固有の役割を発揮できるように変容する．これを細胞分化という．一般に，ある細胞の，細胞分化の状態は，その中で発現している遺伝子の種類により決まる．

1 つの細胞内で発現している遺伝子の数は，ゲノムの全遺伝子数の内の，ごく一部であるとはいえ，それでも一細胞内で発現する遺伝子数は数千種を超える．仮に 3 万種の遺伝子から，千種の遺伝子が発現するとしても，その組合せはとてつもなく大きな数になり，それに対応した分化段階の可能性があり得るということになる．

2.4.1　分化全能性と分裂組織

受精卵（接合子）は多細胞生物を構成するすべての細胞をつくり出す能力をもっている．この性質を分化全能性という．分化全能性は，受精卵だけで

2.4 細胞分化

なく，胚発生の初期の段階では，多くの細胞に備わった性質である．しかし，発生段階が進むにつれ，分化全能性をもつ細胞型は限られてくる（図 2.8）．脊椎動物では，初期胚の時期を過ぎると，ほとんどの細胞で分化全能性は失われ，少数の細胞群が，特定の組織に分化する限定された分化能（分化多能性）を保持するのみとなる．分化多能性を備えた細胞を多能性幹細胞，または，単に幹細胞という．

これに対して，植物は生活環全般を通して，分化全能性をもった細胞集団が個体内に温存され，新しい器官をつくり続ける．これを分裂組織ということはすでに述べた．胚形成時にできる分裂組織を一次分裂組織という．種子植物では，茎頂分裂組織と根端分裂組織が主要な一次分裂組織である．分裂組織を構成する未分化の細胞は，分裂により将来分化していく細胞をつくると同時に，分裂組織を維持するために未分化の細胞を残さなければならない．分裂組織内に維持され続ける未分化の細胞を幹細胞，または始原細胞という．

ひとたび分化の進行した G_0 期にある細胞が，再び分裂を再開して増殖し，分裂組織をつくることが，植物では珍しくない．というより，それが植物の形態形成の特徴の1つであることは 2.2.2 で述べた．このことからも，植物では分裂組織以外の，すでに分化した体細胞にも分化全能性が温存されていることがわかる．このようにして生まれる組織を二次分裂組織という．茎の維管束形成層や，根の側根原基がその典型である．

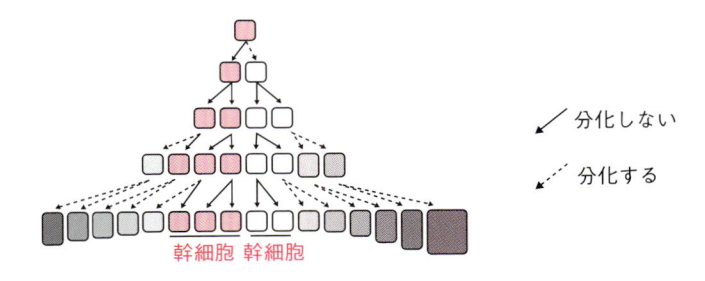

図 2.8　細胞分化
細胞分裂は分化という視点から3通りに分類できる．組合せを制御することで，組織内の未分化の細胞（幹細胞）の集団を維持しながら，組織を分化させることができる．

2.4.2　細胞分化のパターン

単純化したモデルとして，幹細胞を起点にした細胞分化の過程を考えてみよう．一般に，幹細胞の細胞分裂の様式として3つのパターンが考えられる．①娘細胞が親細胞と同じ幹細胞になり，分化しない場合．②娘細胞のうちの片方が親と同じ幹細胞のままで留まり，もう一方が分化する場合．この分裂は必然的に不等分裂となる．③両者共に親細胞よりも分化を進める場合．このモデルからすれば，それぞれの幹細胞が，上記の3つのパターンのどの様式により分裂するかで，将来の分裂組織内の幹細胞サイズ（細胞数）が決まることがわかる．明らかとなったところでは，分裂組織のサイズは，組織内の特定の細胞集団内で発現する複数種の転写因子間の負のフィードバックにより制御されていることが多い（具体例は5章参照）．

2.4.3　脱分化と再分化

正常な発生プログラムの一環として分化した細胞から二次分裂組織が生まれるのとは別に，いったん分化した組織が傷害を受けると，細胞分裂を再開し，傷口に一時的に不定形の未分化の細胞塊ができることがある．これをカルスという．カルスは，一過的な癒傷組織の一種で，そのままにしておくと，いずれは細胞分裂活性を失う．

このカルスを永続的に培養しようとする試みがきっかけとなり，19世紀末から20世紀初頭にかけて組織培養を目指した研究が精力的に進められた．1934年にホワイトが，独自に開発した培地（ホワイトの培地）により，トマトの根端組織由来の組織片を長期間にわたり培養し続けることに成功し，組織の無限増殖が原理的に可能であることを実証した．

組織培養技術に関する研究は，その後，植物ホルモンであるオーキシンやサイトカイニンの研究とも密接に関連しながら進み，1957年にはスクーグとミラーがタバコ茎の髄組織をオーキシンとサイトカイニンを含む培地で培養することにより，苗条（茎葉部）と根を再分化させることに成功した．翌年スチュワードらはニンジン根の組織を，ココナツミルクを加えた培地で培養し，個体再生に成功した．これらの再生実験により，植物の体細胞が分化全能性をもつことが実験的にも実証された．

2.4 細胞分化

現在では，細胞培養や組織培養にはスクーグとムラシゲが開発した培地（ムラシゲ・スクーグ培地）がよく用いられる．植物の組織片を高濃度のオーキシンと低濃度のサイトカイニンを含む培地で培養するとカルス化が誘導される．この過程を脱分化という．カルスを低濃度のオーキシンと，高濃度のサイトカイニンを含む培地で培養すると，茎と葉が分化し，その後，サイトカイニンを含まない培地に移すと根が分化する（図 2.9）．いったん脱分化したカルスから組織が分化することを再分化という．

一方，タバコの髄組織より脱分化した培養細胞を，ムラシゲ・スクーグ培地を用いた液体懸濁培養法により，非常に速い速度で増殖させる培養系が1968年にわが国で樹立され，タバコ培養細胞BY-2株と名づけられた．さらに，この培養株の細胞周期を同調させる方法が確立されたことにより，植物の細胞増殖や細胞周期の研究の標準細胞株として用いられている．樹立後すでに40年を経た今日でも世界各地の実験室で継代されていることにより，文字通り，無限増殖が実証されたことになる．

植物細胞の分化全能性と増殖能の高さは，その発生様式や体制，環境応答性と深く関わっている．動物では，外界の環境に左右されないように，内環境を常に一定に整えた上で，遺伝的プログラムに沿って粛々と分化を進行させる方式が一般である．とくに，脊椎動物ではこの傾向が強い．それに対して，固着生活を営む植物は環境状況の如何にかかわらずそれを受け入れ，それに

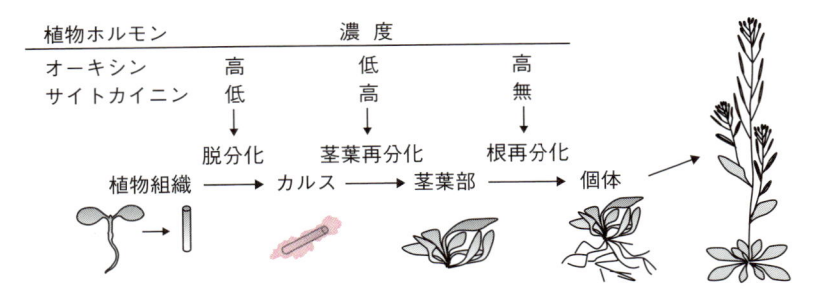

図 2.9 脱分化と再分化
植物芽生えの組織片をムラシゲ・スクーグの培地（Murashige and Skoog, 1962）上で，無菌培養し，培地内のオーキシンとサイトカイニン濃度を適切に調整すると，脱分化と茎葉再分化，根の再分化を経て植物個体が簡単に得られる．

応じる以外にない．そのため，陸上植物は，敏感に環境の状態を感知し，将来を予測し，それに適するように，発生プロセスや生理機能を柔軟に修正しながら，環境に順応する．その結果，同じ植物種であっても，環境条件により，その成長パターンはまったく異なることが珍しくない．植物組織の高い分化全能性は，発生過程の柔軟性の高さを反映したものである．それは，そのまま，環境への順応性の高さを表しているといえる．

2.4.4 細胞極性

陸上植物の形態は地上部と地下部の区別が明確で，しかも，両端を結ぶ軸には方向性がある．このような性質を一般に極性という．また，この軸の周りには，さらに放射状（同心円状）の構造がある．前者の軸を頂端-基部軸，後者を放射軸という（図 2.10）．被子植物では，頂端-基部軸は，茎の先端から茎と根の基部を通り，根の先端に至る．一方，放射軸に沿って，茎や根の組織が同心円状に配置され，茎や根の主軸より葉や側根などの側生器官が放射状に伸びる．側生器官そのものの中にも，頂端-基部軸と放射軸ができることにより，立体的な広がりをもった植物体ができあがる．

葉の表と裏は放射軸を基にして，その中心に向かう向軸側と外側に向いた

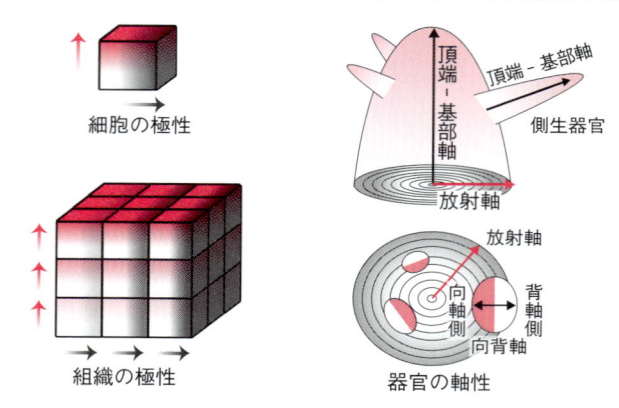

図 2.10　細胞極性と器官軸性
有胚植物の器官は，2つの基本軸である頂端-基部軸と放射軸に沿って作られる．主軸から放射軸に沿って側軸ができると，その中に頂端-基部軸と放射軸ができる．側軸の軸性は，主軸との位置関係で複雑となる．それぞれの軸は明確な極性をもつ．組織を構成する個々の細胞の極性がその軸性の基盤となる．

背軸側の2極からなる向背軸でうまく説明できる．これらの植物個体の軸性の基盤となるのは，組織を構成する個々の細胞の極性，つまり細胞極性である．被子植物であれば受精卵，コケ植物であれば原糸体と受精卵にすでにその極性がみられ，それが分裂後も継承され，多細胞体全体の極性をつくりあげる．

多細胞体内で，個々の細胞が極性をもつということは，各細胞が多細胞体空間内での「自身の位置」と「向き」を知っているということである．自身の位置は周囲の細胞集団の非対称な情報から知ることができる．細胞集団の非対称性とは，組織全体の向きと言い換えることができる．一方，細胞自身の向きは細胞膜や細胞壁を含め，細胞内の非対称性と周囲の細胞集団との関係を基にして決める以外にない．この非対称性は細胞極性にほかならない．細胞分裂面が正確に制御されているとすれば，植物細胞は周囲の中での自身の位置と自身の方向を正確に認知していることになる．

細胞（cell）という用語は，もともとフックがコルク組織の構造を顕微鏡で観察し，小部屋（cell）と表現したことに由来するものである．この細胞を，字義通りに，集合住宅の中の小部屋に譬えると，小部屋自身が集合住宅の何階何号室のどの部屋であるかを理解し，同時に，小部屋には天井，側面，床の区別があるということになる．

細胞極性は分裂面の決定や，分裂後の細胞体積の拡大の方向制御に不可欠であるばかりでなく，植物の形態形成一般にわたって重要な細胞の特性である．たとえば，細胞伸長や軸性の制御に関わるオーキシンが組織内を一定方向に移動する現象は細胞極性の実体の1つである．細胞極性をつくり出す制御システムの詳細はまだ解明されていないが，分泌やエンドサイトシスに関わる膜輸送系，表層の細胞骨格系，細胞膜の脂質，さらに細胞壁などが，その形成と維持に重要な役割を担うと考えられている．

2.4.5　プログラム細胞死

どの細胞もいずれは死を迎えるという点では，すべての細胞の死は予定（プログラム）されていることではあるが，その中でも，とくに発生過程や生理応答の一環として，積極的に死に向かう場合をプログラム細胞死（PCD）

という．PCDは細胞分化の形態の1つで，とくに植物の形態形成においては重要な過程である．

典型的なPCDとして，胚形成過程での胚柄や胚乳の退縮，維管束形成過程での木部管状要素の分化，根などの通気組織内の空洞の形成，器官脱離の際の離層の形成，葉の組織全体の退縮などがある．また，環境ストレス反応や病害応答性反応として起こる過敏感細胞死などもPCDである．

PCDはどの生物にもみられる現象ではあるが，その形態は多様である．動物のPCDのほとんどはアポトーシスと呼ばれる過程を経て進む．アポトーシスはカスパーゼと呼ばれるタンパク質分解酵素による細胞質や核膜のタンパク質の分解に始まり，エンドヌクレアーゼによるヌクレオソーム上のDNAの分解，細胞の収縮・消滅などの過程を経て進むPCDに限定して用いられている．

本来のアポトーシス（apoptosis）という言葉は，「離れて（apo-）」，「落ちる（ptos）」という2つのギリシャ語の語源からできたものであるので，字義通りにとれば落葉などの器官脱離を意味するのであるが，動物で定義されているアポトーシスと同じ形態のPCDは植物では観察されていない．カスパーゼとよく似た機能をもつタンパク質分解酵素が植物内でもはたらいているという報告はあるが，PCDの全過程を総合的にみれば，植物のPCDは後生動物のそれとはまったく異なる過程であることがわかる．

細胞壁に包まれた細胞のPCDの最も重要な過程は，最終段階での細胞壁の処理である．維管束形成過程での管状要素の分化は，細胞死についての分子過程が解析されている数少ない事例である．この過程では，二次壁の代謝に関わる酵素が重要な役割を担うことが知られる．細胞壁をもつ植物細胞のPCDが，細胞壁をもたない動物細胞のそれと大きく異なるのは当然のことである．細胞壁をもつ植物細胞のPCD一般についての分子過程とその制御過程についての知見はなお乏しく今後の研究課題である．

3章　水と物質の輸送

維管束植物は根で土壌中の水溶液を汲み上げ，維管束を通して体内を巡らせた後，葉から蒸散により大気中へ放出する．汲み上げた水の一部を液胞内に溜め込むことにより細胞を拡大させて根や茎葉を成長させると同時に，細胞の膨圧により組織の強度を増して植物体を支える．また，代謝産物やシグナル分子はこの水の流れを介して植物体内を移動する．このしくみは維管束植物が大型化する上で必須の要因である．この章では陸上植物の成長の駆動力である水と溶質の動きのしくみについて見ることにする．

3.1　水分子と水溶液の性質

水は地球の表面に最も多量に存在する低分子化合物である点で特別な物質であるが，それだけでなく物理化学的性質においても特異な物質である．

3.1.1　水の特性

酸素原子は水素原子よりも電気陰性度が高いため，水分子内の電子分布に偏りができ，水素原子は正に，酸素原子は負にそれぞれ分極し，電荷が両極に分かれる．このような分子を双極子という．その結果，水分子間では静電相互作用に起因する分子間引力が生じる．これが水素結合である．

水素結合の引力は共有結合やイオン結合に比べると弱いが，ファンデルワールス力よりもはるかに強く，その引力は，水分子のO－Hの延長上に別の水分子のO原子が位置するときに極大となる．

水分子間では，複数の水分子が水素結合でつながり，クラスターを形成する（図3.1）．クラスター中の水分子間の水素結合は動的で，水分子は離散集合をくり返しているが，クラスターそのものは常に一定の大きさを保っている．

水は，他の同程度の分子量の液体に比べると，熱容量や気化潜熱，表面張力，引っ張り強度が，いずれも非常に大きいが，これらの性質はいずれも水分子のクラスター構造に起因するものである．この特性が維管束植物内での

■ 3章　水と物質の輸送

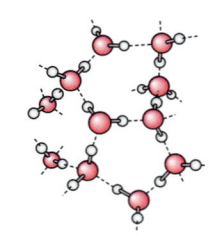

図 3.1　水のクラスター構造
複数の水分子が水素結合（……）によりつながり，動的なクラスター構造をつくる．水の特異的な物性はこの水クラスター構造に起因する．（Ludwig, 2001 を改変）

水の動きの基礎となっている．

3.1.2　水ポテンシャル

水ポテンシャルは，空間内のある点に水が保持される程度を表す物理量で，植物体内の水の動きを説明するのに非常に便利なパラメータである．

物体が力学ポテンシャルの高い所から低い所に動くように，水は，水ポテンシャルの高い所から，低い方へ流れるといえば，直感的に理解できるであろう．厳密にいうと，水ポテンシャルは熱力学第二法則から出たパラメータで，水のモル体積（$m^3 \cdot mol^{-1}$）当たりの化学ポテンシャル（$J \cdot mol^{-1}$）と定義される．その単位は $J \cdot m^{-3}$ で，圧力（Pa）と同じ次元の物理量である．

$$J \cdot m^{-3} = (N \cdot m)\, m^{-3} = N \cdot m^{-2} = Pa$$

つまり，水ポテンシャルとは水自体がもつ圧力と考えてもよい．土壌の水が，植物の根で吸収され，茎と葉を経て蒸散により大気中に出ていく過程は，土壌と大気との間の水ポテンシャルの勾配で説明できる．また，細胞が水を吸収して成長する過程も，細胞内外の水ポテンシャルの勾配で説明できる．

水ポテンシャル（Ψ_w）は，静水圧ポテンシャル（Ψ_p）と浸透ポテンシャル（Ψ_s），重力ポテンシャル（Ψ_g），マトリックスポテンシャル（Ψ_m）の4つのパラメータの和として次のように表される．

$$水ポテンシャル（\Psi_w）= \Psi_p + \Psi_s + \Psi_g + \Psi_m$$

水ポテンシャルを実感できるように，表 3.1 に各項の例をあげておく．

水に浮かべた組織片の吸水成長などの実験系を考える場合には Ψ_g や Ψ_m の項を無視できるので，水ポテンシャルは，単純化して，

$$水ポテンシャル（\Psi_w）= \Psi_p + \Psi_s$$

と書くことができる．ここで，Ψ_p は圧力 P，Ψ_s は浸透圧 Π の逆符号であるので，

水ポテンシャル（Ψ_w）＝ P －Π となる．
細胞内の水ポテンシャル（$\Psi_{w\,in}$）＝ P_{in} －Π_{in},
細胞外の水ポテンシャル（$\Psi_{w\,out}$）＝ P_{out} －Π_{out} とすれば，
細胞外を基準にした両者の差は

$$\Psi_{w\,in} - \Psi_{w\,out} = (P_{in} - \Pi_{in}) - (P_{out} - \Pi_{out})$$
$$= (P_{in} - P_{out}) - (\Pi_{in} - \Pi_{out}) となる．$$

$P_{in} - P_{out}$ とは細胞内外の圧力差で，大気を基準とすれば細胞の膨圧 ΔP であり，$\Pi_{in} - \Pi_{out}$ は細胞内外の浸透圧の差 $\Delta\Pi$ である．したがって，$\Delta P - \Delta\Pi$ が細胞の外を基準としたときの水ポテンシャル差となり，それが負のと

表 3.1　植物体内とその周辺の水ポテンシャル

	Ψ_w (MPa)	Ψ_p	Ψ_s	Ψ_g	Ψ_m	Ψ（気相）
		P	$-\Pi$	$\rho_w gh$		
外気（湿度 50%）	-95.1	0	0	0.1	0	-95.2
気孔の内側（湿度 95%）	-7.0	0	0	0.1	0	-7.0
細胞壁表面の間隙の気相	-0.8	0	0	0.1	0	-0.9
葉の細胞壁表面	-0.8	-0.4	-0.5	0.1	0	
葉の細胞の液胞（10m 高）	-0.8	0.2	-1.1	0.1	0	
葉の木部（10m 高）	-0.8	-0.8	-0.1	0.1	0	
根の木部	-0.6	-0.5	-0.1	0	0	
土壌	-0.4	-0.2	-0.1	0	-0.1	

Ψ_w　水ポテンシャル
Ψ_p（静水圧）：大気圧を標準状態（$\Psi_p=0$）としたとき，細胞あるいは組織の内側にかかる圧力．細胞内の Ψ_p は膨圧という．
Ψ_s　浸透ポテンシャル：$-RT\ln C$ と定義される．R は気体定数，T は温度，C は溶質のモル濃度（mol・L^{-1}）．純水の状態を標準状態（$\Psi_s=0$）と定義し，溶質が溶けると負の値になる．浸透圧を Π としたときの $-\Pi$ である．
Ψ_g　重力ポテンシャル：位置ポテンシャルのことで，$\Psi_g = \rho_w gh$ と定義される．
ρ_w は水の密度，g は重力加速度，h は海面からの高さ．樹高の高い植物が土壌中から水を吸い上げるときには重要な項になる．
Ψ_m　マトリックスポテンシャル：毛細管現象や化学的な吸着により水を吸収する力を表すために用いられる．Ψ_m は土壌から水を吸水する過程や，乾燥種子の発芽時の吸水などの場合には重要な項である．
Ψ（気相）　気相の水ポテンシャル：Ψ（気相）＝$RT \ln(RH)/V$，RH は相対湿度．葉から大気への蒸散を考える際には重要な項．相対湿度 50% の時には -90MPa 以下の低い値となる．(Nobel, 2009b より)

*Ψ：プサイ，Π：パイ，Δ：デルタ

きに外界から細胞内に水が入ることになる．

3.1.3　溶質の化学ポテンシャル

　水分子の動きを水ポテンシャルで記述できることを述べたが，同様に，溶質分子の動きは化学ポテンシャルを用いて記述できる．この場合も水ポテンシャルと同じように考えればよく，水溶液中の溶質は化学ポテンシャルの高いところから低いところに移動する．植物生理学で扱う生体内の物質の動きは，希薄溶液の溶質が膜を隔てて移動する場合がほとんどであるので，化学ポテンシャルの変化は，濃度の項のみとなる．これは式を書くまでもなく，膜を隔てて浸透濃度の高い側から，低い側に溶質が流入することを直感的に理解しておけば十分である．

　電荷をもつ溶質の化学ポテンシャルを考える場合には，浸透圧だけでなく，電場の自由エネルギーの項が入るので複雑になる．1889年にヴァルター・ネルンストは，これを1つの数式に表した．ここでは，数式の取り扱いは省略し，そこから導き出される結論の生物学的意味のみを考えることにする．

　結論の1つは，膜の両側の電位差が十分であれば濃度勾配に逆らってイオンが膜を隔てて移動できることである．また，膜輸送が平衡に達するときの膜の両側の電位をネルンスト電位という．室温で，膜の両側で，1価のイオンの濃度差が10倍で平衡になるときのネルンスト電位は58mVである．

　実際の細胞では，細胞の外を基準にすると，細胞膜の内側は一般に，負の電位をもっている．典型的な植物細胞は$-100 \sim -200$mMの電位をもっている．これを膜電位という．植物の膜電位は細胞内外でのカリウムイオンなどの不均等分布によってできる受動的な拡散電位（平衡電位）と，プロトンポンプなどのはたらきでATPのエネルギーを使ってつくられる能動的電位の和である．この膜電位により，細胞内の原形質や液胞内のイオンの組成は外界とは異なる濃度に維持される．典型的な植物細胞では細胞内の細胞質ゾルではカリウム濃度が高く，液胞内ではカリウムと塩素のイオン濃度が高い．

3.2　膜輸送体

　生体膜を隔てた水や溶質の輸送は膜内の拡散によるものもあるが，大部分

は膜輸送体を介して進む．たとえ拡散により膜を通過できる分子であっても，その輸送の方向や速度を制御し，最適化するには膜輸送体は有用なしくみである．膜輸送体の実体は，膜貫通型タンパク質で，その機能に基づいて，チャネル，キャリア，ポンプの3つのグループに分類される．

3.2.1 チャネル

チャネルはタンパク質を貫く細い孔（通路）をもち，この孔を通して，イオンまたは水分子などの小さい分子を特異的に通過させる輸送体である（図3.2）．分子の種類に応じて多様なチャネルタンパク質が存在する．水チャネルやK^+チャネルが代表例である．チャネルによる膜輸送は膜の両側の化学ポテンシャルの勾配に沿って物質を通す点で受動的であり，輸送過程でチャネル分子の構造変化を伴わないため，輸送速度は一般に速い．チャネルには，孔の開閉を制御するしくみがあり，これを比喩的にゲートという．ゲートの開閉は膜電位や植物ホルモン，環境シグナルなどにより制御されることが多い．

水チャネルの実体はMIPファミリーに属するアクアポリンタンパク質で，動植物を問わず広く生物界に存在する．哺乳類は十数種のアクアポリンをもつのに対して，イネやシロイヌナズナなどの被子植物では30種以上に多様化し，陸上植物での役割の多様化と重要性がうかがえる．植物のアクアポリ

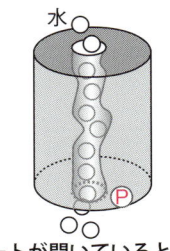

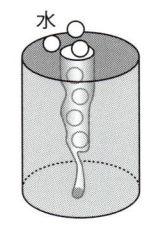

図 3.2 水チャネル
水チャネル分子の中央に空いた穴を通って水が膜を隔てて移動する．その通過は，トンネルの孔の開き具合で制御されている．ホウレンソウの水チャネルの一つであるSoPIP2のトンネルの孔は，正常な生理条件ではリン酸化を受け開いているが，水不足になると脱リン酸化され，それにより孔の構造が変わり，水を通さなくなる．（Törnroth-Horsefield *et al*., 2006を参考に作図）

ンは細胞膜に局在する細胞膜型アクアポリン（PIP）や液胞膜に局在する液胞膜型（TIP）など，その構造や機能から4つのグループに分けられる．その中には二酸化炭素の膜輸送に関わるメンバーもあるが，基本的な機能は，水の膜輸送である．

水分子は，生体膜を拡散により自在に透過できるが，水チャネルを介する輸送は膜の拡散速度をはるかに上回るため，急速な水の膜輸送には水チャネルの貢献が大きい．水チャネルのゲートの開閉は，チャネルタンパク質のリン酸化などの修飾により制御されている．ホウレンソウの細胞膜アクアポリンの1つ（SoPIP2）では，チャネル内の水分子の通り道（孔）の内径が冠水や乾燥などの環境ストレスにより制御されている（図3.2）．

3.2.2　キャリア

キャリアは生体膜の片側で特定の有機化合物と特異的に結合したのち，自身のタンパク質構造を変化させ，膜の反対側で化合物を放出するはたらきをもつ輸送体タンパク質である．その過程は酵素と基質の反応に似ている．そのため，輸送速度は一般にチャネルよりもはるかに遅い．酵素反応の基質が多様であるように，キャリアにより輸送される輸送基質の種類も多彩で，多様な有機化合物がこれにより輸送される．

キャリアには2通りの輸送形態がある．1つは，膜の両側の電気化学ポテンシャルに沿って膜輸送を行う受動的な輸送である．これは促進輸送とも呼ばれる（図3.3a）．もう1つは，膜両側の高いポテンシャル差に沿った基質の移動と共役して別の輸送基質をポテンシャルに逆らって輸送する形態である．これを二次能動輸送という（図3.3b）．その代表的なものは，膜の両側の水素イオン濃度の勾配を駆動力として進む輸送である．水素イオンと輸送基質の移動方向の違いにより共輸送体と対向輸送体に区分される．いずれの場合もキャリアタンパク質そのものはATP分解などの自由エネルギー放出反応を触媒しない．

細胞壁中（アポプラスト）のpHは一般に5前後に保たれている．液胞のpHは組織によりさまざまで，花弁などでは高くなることが知られるが，一般には酸性で，果実などではpH4〜5付近に保たれている．一方，細胞質

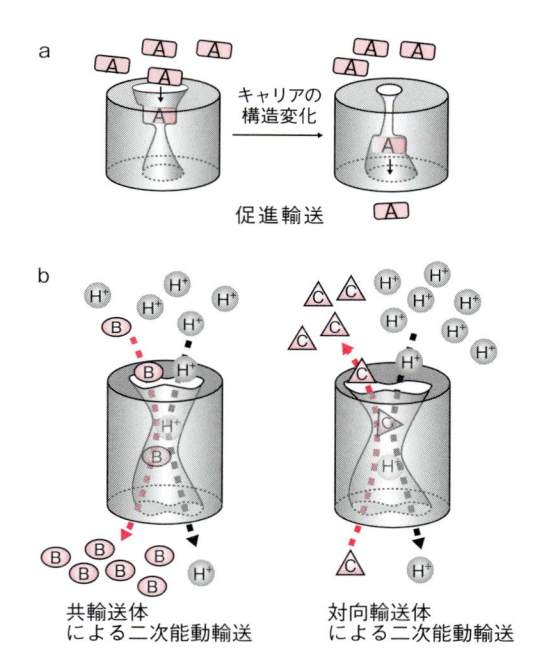

図 3.3 キャリアによる促進輸送と二次能動輸送
a. 促進輸送は輸送基質（分子 A）の化学ポテンシャル（濃度）に沿って進む．b. 共輸送では，水素イオンはその化学ポテンシャルに沿って輸送され，それに共役し，輸送基質（分子 B）が濃度勾配に逆らって，同じ方向に輸送される．対向輸送では，水素イオンの化学ポテンシャルと共役し，輸送基質（分子 C）が逆方向に輸送される．

ゾルは通常 pH7.2 である．したがって，アポプラストや液胞内の水素イオン濃度は，細胞質ゲル中の 100 倍以上の濃度ということになる．この水素イオン濃度差を利用した共輸送体により，植物細胞は，アポプラストから，細胞内に糖やリン酸，アミノ酸を取り込む．一方，細胞質ゾルから，液胞への膜輸送は，液胞内の高い水素イオン濃度を利用した対向輸送体が主になる．このように，植物の細胞膜や液胞膜を隔てた電気化学ポテンシャル勾配はもっぱら水素イオンの濃度勾配によりつくり出される．この水素イオンの濃度勾配をつくるのが次に述べる水素イオンポンプである．

3.2.3 ポンプ

輸送体が，ATP などの高エネルギー結合を直接加水分解する反応と，膜

■ 3 章　水と物質の輸送

輸送とを共役させることにより，電気化学ポテンシャル勾配に逆らった輸送が可能になる．この輸送形態を一次能動輸送という（図 3.4）．エネルギーを投入して，化学ポテンシャルの低いところから，高いところに輸送することから，この輸送体をポンプと呼ぶ．

　陸上植物にとって最も重要なポンプは，ATP を加水分解して H^+ を細胞膜外（アポプラスト）や液胞内に輸送する H^+-ATPase である．細胞膜に局在する細胞膜（P 型）H^+-ATPase と液胞膜や内膜系に局在する液胞膜（V 型）H^+-ATPase が主要なポンプである．これら以外に，ミトコンドリアと葉緑体には ATP 合成に関わる F 型 H^+-ATPase がある．F 型 H^+-ATPase は液胞膜 H^+-ATPase と構造が似ている．

　一方，動物や海洋性藻類では，Na^+/K^+-ATPase が主要なポンプで，これにより Na^+ イオンを細胞外に排出し，K^+ イオンを取り込む．植物の細胞膜 H^+-ATPase と動物の Na^+/K^+-ATPase は同一祖先をもつ遺伝子にコードされているのは示唆的である．植物と動物はその進化のどこかの過程で，それぞれのポンプのはたらきを特化させるように進化したことを示してい

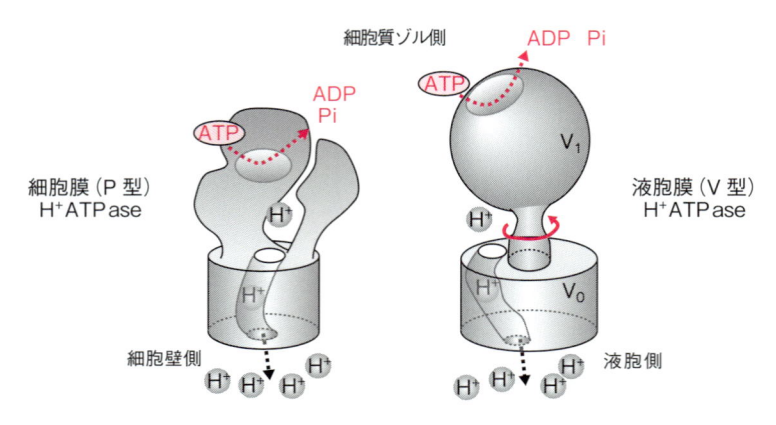

図 3.4　ポンプによる一次能動輸送
陸上植物の代表的なポンプである細胞膜（P 型）と液胞膜（V 型）の H^+ATPase の概念図を示す．両者の分子構造はまったく異なるが，共に細胞質ゾル側で ATP を分解し，その時に放出される自由エネルギーにより，立体構造の変化を起こし，それにより化学ポテンシャルに逆らって水素イオンを膜輸送する．（Gaxiola *et al*., 2007 ; Pedersen *et al*., 2007 を参考に作図）

る．動物は陸上に進出した後も，Na$^+$を多量に含む体内環境を維持しているのに対して，植物はその体内の環境（アポプラスト）まで，すっかり淡水環境に変えてしまい，真水の環境で生きる戦略を選んだといってよい．この点で，植物と動物の陸上での生命戦略はまったく異なるといえよう．両者のポンプの特性は，それぞれの生命戦略の特性をよく反映している．

細胞膜 H$^+$-ATPase は 10 回膜貫通型のタンパク質で，被子植物では 10 前後のパラログが存在し，それぞれ固有の発現組織特異性を示すことから，組織ごとに異なる役割を分担しているものと考えられている．タンパク質の C 末端には活性調節領域があり，トレオニン残基がリン酸化されると，14-3-3 タンパク質が結合し，それにより ATPase が活性化される．また，この過程はカビ毒であるフシコクシンによって促進される．フシコクシンによる細胞壁の酸性化や，気孔開放は，細胞膜 H$^+$-ATPase の活性を異常に高めることにより起こる．また，リン酸のアナログであるオルトバナジン酸（HVO$_4^{2-}$）により強く阻害される点で，液胞膜 H$^+$-ATPase とは生化学的に区別することができる．

液胞膜 H$^+$-ATPase は，酵母の液胞で最初に発見された輸送体で，植物細胞だけでなく，動物細胞にもエンドソームやリソソームなどの細胞内膜系に普遍的に存在し，内膜系内部を酸性化するはたらきを担っている．構造は，細胞膜 H$^+$-ATPase とはまったく異なり，液胞膜に埋め込まれた部分（V$_0$）と，膜から細胞質ゾル側に突き出た部分（V$_1$）の 2 つの領域からなる．ATPase 機能は突き出た部分に存在し，ATP が加水分解されると，放出されるエネルギーで 2 つの部分の高次構造がねじれ，それによって細胞質側から液胞側に水素イオンが押し出されるモデルが提唱されている．

3.2.4　その他の一次能動輸送体

液胞膜には H$^+$- ピロフォスファターゼが存在し，液胞膜 H$^+$-ATPase と共に，液胞内に H$^+$ を能動輸送するポンプとしてはたらいている．H$^+$- ピロフォスファターゼはピロリン酸（PPi）を分解するときのエネルギーを用いて H$^+$ の膜輸送を行う．

H$^+$ ポンプ以外にも，Ca^{2+} を細胞外に汲み出す Ca^{2+} ポンプがある．これ

は細胞膜 H^+-ATPase や Na^+/K^+-ATPase とも共通の祖先をもち，植物・動物ともに存在する．カルシウムを細胞から排出する点では，動物も植物も同じ戦略をとってきたことがうかがえる．

　上記のポンプ以外に，有機化合物の輸送を担う一群の ABC 輸送体という一次能動輸送体が多数存在する．この輸送体は ATP 結合カセット（binding cassette）という共通の構造をもつことから，その名が付けられたもので，ATP を加水分解しながら特定の分子を輸送する．ABC 輸送体は大きな遺伝子ファミリーにコードされ，広く生物界に存在する．なかでも陸上植物で多様化が進み，シロイヌナズナには 123 種存在する．輸送基質は糖，アミノ酸，脂質などの一次代謝産物から，アントシアンのようなフェニールプロパノイド，ニコチンのようなアルカロイドまで多岐にわたる．オーキシンであるインドール-3-酢酸も細胞膜局在の ABC 輸送体により細胞外へ排出される．

3.2.5　膜輸送体群の役割

　細胞膜と液胞膜上の複数種の膜輸送体の連携作業により，アポプラストや細胞質ゾル，液胞内などの膜で区画された空間内の化学ポテンシャルの恒常性が独立に維持され，溶質組成や pH が一定に保たれていることを見てきた．

　これらの膜輸送体群のはたらきの結果，典型的な液胞内には K^+, Cl^-, Na^+, Ca^{2+}, 無機リン酸, スクロース, 還元糖, アミノ酸, その他の有機化合物が相当量蓄積する．液胞は小胞体やゴルジ体などの単膜系オルガネラに由来する植物固有の機能を担う膜系である．その役割は，単にこれらの溶質を貯留し，原形質での利用に備える以外に，アントシアンのような紫外線を吸収する分子を溜めて紫外線傷害をふせぐはたらきや，アルカロイドを溜めて捕食者を忌避する役割など，いろいろである．それら多彩な役割の中で，とくに重要なのは，溶質を貯留し，液胞内の浸透圧を高めることにより，細胞内に低い水ポテンシャル空間をつくることである．液胞の低い水ポテンシャルは，土壌からの水の吸収や，植物体内の水の動き，さらに，それを基盤として進む，植物個体全体の成長の駆動力としての役割をもつ．

3.3　水と溶質の長距離輸送

植物体内の溶液の長距離輸送を担うのは，維管束中の木部と師部である．木部の中の水溶液の通り路は管状要素という中空の細胞からできている．一方，師部の中の溶液の通り道は師要素からなる．管状要素と師要素のはたらきや物質輸送の方式はまったく異なるが，溶液の動きが水ポテンシャルによって駆動されている点は両者に共通である．これらの物質輸送のしくみは維管束植物が初めて進化させたものである．

3.3.1　アポプラストとシンプラスト

細胞膜による区画という点でみると，陸上植物の組織は一枚の生体膜で囲まれたシンプラストという閉じた空間群が，細胞壁からなるアポプラストという開いた空間の中にはめ込まれた構造をしていることは，原形質連絡の項（2.3.4）で述べた通りである．

アポプラスト空間とシンプラスト空間は膜で隔てられているので，両空間の間の物質の行き来は膜輸送を介してのみ行われる．それに対して，それぞれの空間内部での物質の行き来は膜輸送を介さず，前者は細胞壁中を通り，後者は原形質連絡を介して行われる．

細胞壁中の水や溶質の移動は細胞壁成分により大きく影響される．クチンやスベリン，リグニンなどの疎水性の成分が多量に沈着した細胞壁は水を透しにくいため，アポプラスト空間内の水溶液の輸送の障壁となる．植物体内のアポプラスト空間は，疎水性の高い細胞壁領域により仕切られた区画に分断されている．区画内では，水や低分子，さらに分子量数万以下の水溶性高分子は拡散により自由に移動できるが，区画を越えた輸送は制限される（4章参照）．

一方，原形質連絡は，細胞間をつなぐ細胞膜のトンネル中に，小胞体膜由来のデズモ小管が入れ籠になった二重筒のような構造をした輸送装置である（図2.7参照）．原形質連絡は水や低分子の溶質だけでなく，分子量数万程度のタンパク質やmRNAなども通すことができる．また，ウイルスはある種のタンパク質の助けの下に，この経路を通り，植物体全体を移動することが

知られている.

　原形質連絡には，細胞質分裂時に細胞板が形成される際につくられる一次原形質連絡と，細胞質分裂後に細胞壁が成熟した後につくられる二次原形質連絡の2つの系列があることも述べた（2.3.4）. 前者は同じ細胞系譜の細胞間をつなぐのみであるのに対して，後者は細胞質分裂後につくられるため，細胞系譜とは関係なく，隣り合う細胞間同士をつなぐことができ，シンプラストの領域を広げる上で重要な役割を担う.

　木部による長距離輸送は主にアポプラストを介して行われるのに対して，師部輸送はシンプラストを経て行われる.

3.3.2　木部への「積み込み」

　維管束植物の根は，外側より表皮，皮層，内皮，中心柱の順に同心円状にならぶ. 内皮の細胞壁の特定部位には疎水性物質であるスベリンが多量に沈着している. この細胞壁中の領域はカスパリー線と呼ばれ，水や溶質を通さない. そのため，根のアポプラスト空間は，内皮細胞のカスパリー線を境にして，外側と内側の区画に分断されている. 土壌中の水や養分はアポプラストを通してカスパリー線の外側までは入り込むことができるが，カスパリー線を越えて，根の中心柱に入り込むことはできない（図 3.5）.

　根による水と養分の吸収は，根の表皮の根毛だけでなく，表皮とアポプラストでつながった皮層や内皮など，カスパリー線の外側の全細胞の細胞膜上の輸送体を通して行われる. 細胞内に吸収された水や養分は，原形質連絡を経てシンプラスト内を根の中心に向かって移動する. シンプラストを通ればアポプラストを分断しているカスパリー線による障壁を回避することができる. こうして，根の表層で吸収された水や養分は，内皮細胞の原形質内を経てカスパリー線を迂回して，中心柱の木部柔組織に達する. 最終的には，輸送体のはたらきにより，木部柔組織細胞より中心柱のアポプラスト内に輸送され，木部道管に達する. この過程を木部への「積み込み」という.

　中心柱はカスパリー線により外界から遮断されているので，一度中心柱内に汲み上げられた水や養分は，アポプラスト経由で植物体外に戻ることはない. したがって，土壌から水の吸収が進むと，中心柱内の木部に陽圧が発生

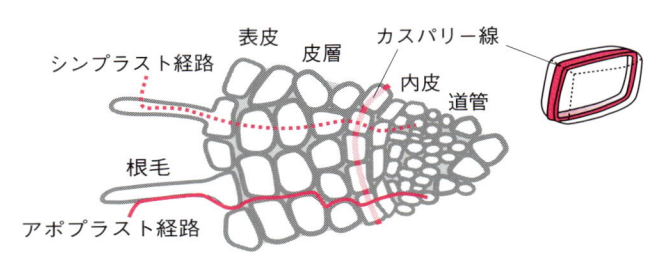

図 3.5　根での吸水と木部への「積み込み」
根での養分吸収にはシンプラスト経路とアポプラスト経路とがある．前者は根毛の細胞膜を通って原形質内に入ったのち，原形質連絡を通って，細胞間（シンプラスト内）を移動し，内皮細胞の内側で道管アポプラスト内に出て，蒸散流にのる．後者は，皮層まではアポプラスト（細胞壁中）を経て移動し，内皮細胞に膜輸送により取り込まれたのち，道管アポプラストに膜輸送により放出される．いずれの場合も内皮を通過する際にシンプラストを通る．これは，内皮細胞の細胞壁が水溶液を通さない疎水的な構造をもつためである．内皮細胞壁の疎水性領域をカスパリー線という．（Taiz and Zeiger, 2006a を参考に作図）

することがある．これが根圧である．また，中心柱に入るには，必ず一度は能動輸送により細胞膜を通過するので，根圧は，植物自身のエネルギーに依存しているといえる．典型的な根圧は，0.05〜0.5 MPa である．ヘチマの茎を根もとで切ると，切り口から道管液があふれ出るのは根圧があるためである．根圧により木部液があふれ出ることを溢泌という．土壌に十分な水分があり，大気の湿度が高いときなどには，葉の先端の孔（排水構造という）より道管液が排出され，水滴がつくことが観察される．これも根圧によるものである．

3.3.3　木部通導組織

木部のパイプの役目を担う管状要素は，プログラム細胞死により原形質がなくなり細胞壁だけになった中空の細胞である．細胞壁には疎水性のリグニンが沈着して肥厚し，水溶液を浸透させないだけでなく，陰圧になっても拉げないだけの強度をもつ．

維管束植物には仮道管要素と道管要素という 2 種類の管状要素が存在する（図 3.6）．仮道管要素の方が進化的に古く，すべての維管束植物に見られる．細長い紡錘型の細胞で，側面の壁孔を介して前後の仮道管とつながる．管の内部は陰圧になるので，道管液に溶けている空気が気化して気泡を発生し，

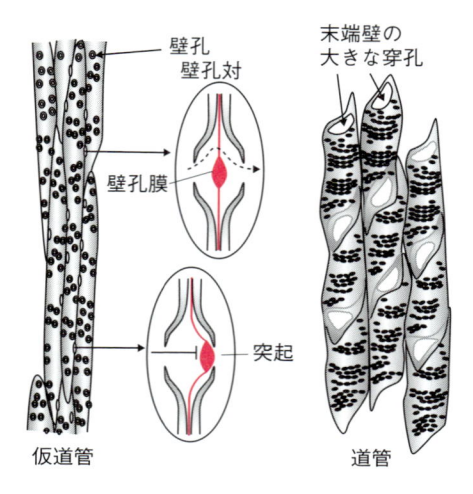

図 3.6　道管と仮道管

仮道管は細長い紡錘型の仮道管要素が複数列つながった組織である．仮道管要素側壁には壁孔が多数開いて対をなす．その孔を通って水柱が仮道管要素間を移動する．道管は仮道管よりも進化的に新しく，太く短い筒状の道管要素からなる．側壁の壁孔以外に，末端壁に大きな穿孔があり，そこを通って水柱が移動する．そのため水柱の移動抵抗は小さいが，キャビテーション（空洞化）が起こりやすい．針葉樹の仮道管には壁孔対の間の壁孔膜の中央に隆起があり，気泡が入ると通過防止弁としてはたらき，キャビテーションの広がりを防ぐはたらきがある．(Taiz and Zeiger, 2006b を改変)

管が気体で詰まることがある．これをキャビテーション（空洞化）という．キャビテーションはとくに樹高の高い植物で起こりやすい．仮道管の壁孔の間には薄い細胞壁のフィルター（壁孔膜という）があるため，気泡が生じても，気泡が隣の管状要素に移動し難く，キャビテーションを防ぐ効果がある．しかし，反面，壁孔の水透過効率が低いため仮道管の輸送速度は一般に遅い．

一方，道管要素は，輸送速度を高めた管状要素として，被子植物の進化過程で，多様化したと見られ，被子植物には広く存在するが，裸子植物やシダでは一部の種に見られるのみである．道管要素は，仮道管要素より短く，太い筒型の細胞で，側面の小さい壁孔の他に，末端壁に比較的大きな穿孔が開いている．この広く開いた穿孔を通して前後の道管要素とつながるため，水の輸送速度は速いが，反面，ひとたび気泡が発生するとキャビテーションが起こりやすく，通導機能を失う．仮道管・道管，それぞれ一長一短がある．植物種による両者の使い分けの違いには，蒸散速度や樹高などの特性の違いが反映していると見ることができる．

3.3.4　水上昇の凝集・張力説

木部の管状要素は原形質を欠いた単なる細胞壁の管である．その中の水溶液を根から葉まで引き上げる駆動力は，根と葉の両組織間の水ポテンシャル

の差である（表 3.1 参照）．

　根の水ポテンシャルを高めるのに最も大きく寄与する要因は根圧である．根圧は 0.05〜0.5 MPa 程度であることを先ほど述べた．根圧は木部要素内の水ポテンシャルを高める方向にはたらくものの，それほど高くはなく，しかも土壌の状態に大きく影響されるため，一般には，この力だけで，水を樹高の高い植物の葉まで上げることは難しい（図 3.7）．

　一方，葉の中の水ポテンシャルを低くする要因は，蒸散により葉から大気中へ気化していく水の流れである．葉の気孔周辺での水の流れには，細胞壁表面での水の表面張力が深く関連している．葉脈内の木部要素を経て，葉に運ばれた水は維管束の周辺の海綿状組織のアポプラスト内に導かれる．海綿状組織は細胞間の接着が緩やかで，細胞壁の表面が直接大気と接する面積が非常に広い．細胞壁はセルロース微繊維などの親水性の微細な網状構造からなるため，水は表面張力により細胞壁の表面へと引き寄せられ，最終的にその表面で気化する．

　細胞壁表面で水が気化すると，細胞壁の網状構造内の水面にくぼみができる．水のくぼみの表面では，表面張力により，くぼみを元に戻そうとする外向きの力が発生し，その結果水の内部には陰圧が生じ，水ポテンシャルが低下する．水の表面張力は 73×10^{-9} MPa m である．一般にその表面に曲率半径 rm のくぼみができると $-2 \times 73 \times 10^{-9}/r$ MPa の水ポテンシャル（陰圧）が発生するとされている．細胞壁のセルロース微繊維間のくぼみが

図 3.7　根圧と，蒸散による木部内の陰圧
根で発生する根圧と蒸散により生じる陰圧を水銀柱で測定する古典的方法の原理を示した図式．現在では，プレッシャーチャンバーという圧力素子を組み込んだ探査針を組織内に差し込み，木部細胞の中の圧力を直接高精度で，しかも連続して測定することができる．（Raven *et al*., 2005 を改変）

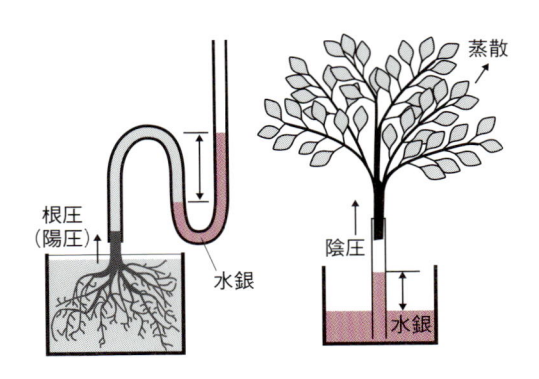

10 nm（1×10^{-8} m）だとすると，そこにできるくぼみの陰圧は$-2 \times 73 \times 10^{-9}/10^{-8} = -14.6$ MPa となる．これは非常に大きな負の静水圧ポテンシャルである．この低い水ポテンシャルにより，水は常に木部要素から葉の柔組織の細胞壁表面に向かって引き上げられる．

空気中の水ポテンシャルは相対湿度の対数に比例して低くなる．相対湿度が 50% の大気の水ポテンシャルは約 -95 MPa である．柔組織の細胞壁表面の水分子は，この低い水ポテンシャルに引かれて気化する．気体になった水分子は，気孔周辺の急勾配の水ポテンシャル差に導かれて気孔を出て，大気中に拡散していく（表 3.1 参照）．

こうして，木部要素内の水柱は，葉の細胞壁表面に発生する低い陰圧（負の水ポテンシャル）により，根から引き上げられることになる．この方式で水柱が木部要素内を上がるとする考え方を，水上昇の凝集・張力説あるいは，単に凝集力説という．この学説は 1894 年に提唱された古い学説であるが，その根拠となる木部要素内の負の圧力の存在や，水の張力の強さが実際に測定され，学説が実証されたのは最近のことである．

樹高 50 m の木に水を上げるには，50 m の水柱にかかる重力（50 m $\times$ 0.01 MPa m^{-1} = 0.5 MPa）と木部要素内の摩擦抵抗（0.02 MPa m^{-1} $\times$ 50 m = 1 MPa）に打ち勝つために，1.5 MPa 以上の水ポテンシャル差が必要となる．これは高々 0.5 MPa の根圧では説明できないが，水上昇の凝集・張力説では十分に説明できる．

2004 年当時，地球上で最も高いとされていた樹高 112.7 m のセコイアメスギ（*Sequoia sempervirens*）の樹冠の道管内の水ポテンシャルは -1.9 MPa であった．道管内が -1.9 MPa よりも陰圧になると，キャビテーションが始まり，道管内の摩擦抵抗が増加することが知られている．これらの観察結果を総合し，樹高の限界は 120〜130 m 程度であろうと推定されている．このような観察結果は，水上昇の凝集・張力説を裏付けると同時に，樹高の制約要因が道管内のキャビテーションであることを示している．

3.3.5 師部と師要素

師部輸送の役割は，糖などの養分を，生産または貯蔵している供給器官か

コラム 4
師管液

　師管液には高濃度のスクロースが含まれるので，アブラムシやトビイロウンカ，ヨコバイなどの昆虫は，植物の表皮の上から口針を突き刺し，師管内の液を吸って養分を得ている．昆虫が師管液を吸っているときに，二酸化炭素で麻酔して昆虫を動かなくさせ，茎に口針が刺さった状態で口針を切断すると，切り口から師管液が滲出する．この方法で師管液を採取し，その内容物の分析が古くより行われていた．花成ホルモンであるフロリゲンも師管を通ることから，1970年代には，その分析にこの方法が用いられた．活性物質の単離・同定には至らなかったものの，生物検定法で，師管液に花芽誘導活性があることが報告されている．最近では，口針をレーザービームで焼き切る方法がよく用いられる．これをレーザスタイレクトミー法という．また，塩基配列決定法や質量分析法の革新により，微量の師管液試料中の核酸やタンパク質を高感度で分析できるようになり，師管液成分のより精度の高い分析が可能になってきた．これらの方法により，師管内の物質と情報の移動について，新しい研究の展開が期待されている．

ら，消費する器官に輸送することである．生産・貯蔵している器官をソース器官，消費する器官をシンク器官という．ソースとは供給源，シンクとは吸い込み口という意味である．光合成により糖を生産する葉は典型的なソース器官で，光合成を行わない花はシンク器官である．一方，根は，養分を消費したり，貯蔵したりしているときにはシンク器官であるが，貯蔵根が養分を地上部に輸送するときにはソース器官となる．師部を介して輸送される主要な化合物は糖であるが，それ以外にアミノ酸，無機イオンなどの養分や，植物ホルモンや，フロリゲン（5.6.1参照）などのシグナル分子も師部を介して運ばれる．

■ 3章　水と物質の輸送

　師部を構成する細胞である師要素は被子植物とシダ植物で形状が異なる．被子植物の師要素は，円柱状の細胞で，末端壁には師孔という比較的大きな孔が多数開いている．この末端壁を師板という．師板の師孔を通して，師要素間の原形質はひとつながりになり，長い師管をつくる．師部という名称は，孔の開いた師板の形が篩に似ていることに由来する．シダや裸子植物では師要素は紡錘型で，末端壁がなく，師板の形状は明確ではないが，師要素同士が師孔でつながっていることに変わりはない．両者を区別するため，被子植物の円柱状の師要素を師管要素とよび，シダなどの紡錘型の師要素を単に，師細胞という．以下，被子植物の師管について述べる．

　師管要素は分化の過程で核や液胞を失い，成熟すると細胞膜とミトコンドリア，小胞体だけになる特殊な細胞である．それぞれの師管要素は側面で伴細胞と接し，両者の細胞質は原形質連絡で密につながっている．したがって，師管と伴細胞は1つの長いシンプラスト空間をつくっていることになる．

3.3.6　師管内転流の圧流説

　師管内の水の動きも，水ポテンシャル理論でうまく説明できる（図 3.8）．
　ソース器官では師管周辺の細胞から糖などの溶質が輸送体のはたらきで伴細胞内に取り込まれる．伴細胞に入った溶質は原形質連絡で一続きになっている師管に移動する．そうすると，師管内の溶質濃度が高まり，水ポテンシャルが下がる．その結果，師管内には周辺のアポプラストから細胞膜を通って水が流入し，ソース器官周辺の師管内の静水圧が高くなる．この過程を師要素への「積み込み」という．伴細胞までの「積み込み」はシンプラストの経路とアポプラストの経路とがある．アポプラスト経路によるスクロースの「積み込み」は，細胞膜 H^+-ATPase とスクロース-プロトン共輸送体との連携プレーによる二次能動輸送により進む．

　一方，シンク器官では逆に，伴細胞の膜輸送体のはたらきで，師要素から師管内の溶質がシンク細胞周辺のアポプラスト中に積み下ろされる．そうすると，師管内の溶質濃度が低くなり，水ポテンシャルが上昇し，師管から水が出て，師管の静水圧が局部的に低下する．シンクで積み下ろされた糖質やアミノ酸などは，代謝により消費されることにより，シンク周辺の水ポテン

3.3 水と溶質の長距離輸送

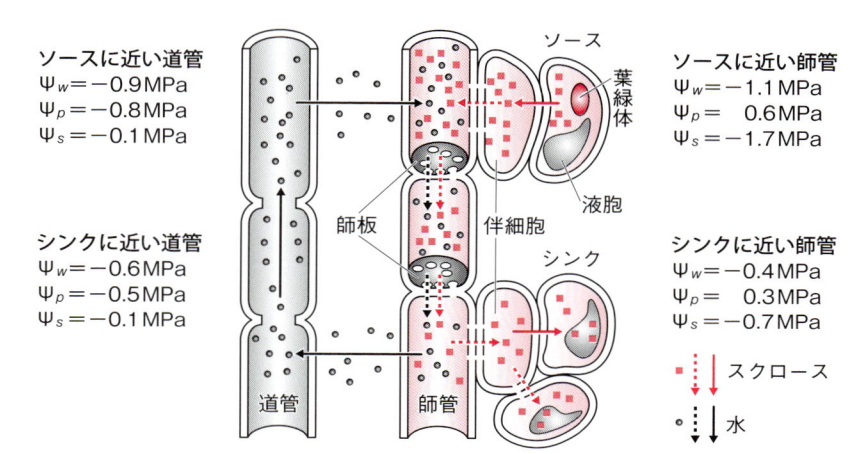

ソースに近い道管
$\Psi_w = -0.9\,\text{MPa}$
$\Psi_p = -0.8\,\text{MPa}$
$\Psi_s = -0.1\,\text{MPa}$

ソースに近い師管
$\Psi_w = -1.1\,\text{MPa}$
$\Psi_p = 0.6\,\text{MPa}$
$\Psi_s = -1.7\,\text{MPa}$

シンクに近い道管
$\Psi_w = -0.6\,\text{MPa}$
$\Psi_p = -0.5\,\text{MPa}$
$\Psi_s = -0.1\,\text{MPa}$

シンクに近い師管
$\Psi_w = -0.4\,\text{MPa}$
$\Psi_p = 0.3\,\text{MPa}$
$\Psi_s = -0.7\,\text{MPa}$

ソース / 葉緑体 / 液胞 / 師板 / 伴細胞 / シンク / 道管 / 師管 / スクロース / 水

図 3.8　師部転流の圧流説に基づく模式図
ソース器官内で光合成産物や貯蔵物質由来のスクロースなどが膜輸送により伴細胞を介して師管に積み込まれると，師管内の浸透ポテンシャル（Ψ_s）が下がる．その結果，師管内に水が流入し，静水圧ポテンシャル（Ψ_p）が高まり，師管内に水の体積流が生じる．シンクでは，伴細胞より膜輸送により周辺のアポプラストにスクロースが積みおろされ，周辺の細胞で消費される．その結果，水が師管から流出し，道管に吸収される．（Evert *et al*., 2006；Nobel, 2009a を参考に作図）

シャルは高い状態で維持されることになる．

こうして，師管にはソース器官からシンク器官にかけて，静水圧ポテンシャル Ψ_p の勾配ができ，それに沿って，ソースからシンクに向かう水溶液の流れ（体積流）が生まれ，師部転流が起こる，というのが圧流説である．この仮説は 1930 年にミュンヒにより提唱され，その後，いろいろな植物で実証されている．たとえばダイズでは，ソースである葉柄でのスクロース濃度は，シンクである根の 2 倍以上で，水ポテンシャル差に換算すると 0.40 MPa となる．一方，師管内の抵抗に打ち勝って 8〜9 mm/分の速さで溶液を流すのに必要な静水圧ポテンシャル差は 0.27〜0.45 MPa と推定されていることから，師管内の溶液の流れは圧流説で十分説明できる．

木部と師管は構造も機能も大きく異なる通導組織であるが，水溶液を通す直接の駆動力は，通導組織両端の水ポテンシャル差に起因する静水圧の勾配で，それにより体積流として溶液が移動する点ではよく似た溶液輸送系である．

4章 細胞壁と細胞成長

　植物と動物は，真核生物の進化の初期の段階で，それぞれ細胞壁をもつ様式と，もたない様式を選択し，まったく異なる多細胞化の方向に向かった．両者の特徴がより顕著に表れているのが，陸上植物と脊椎動物である．前者の細胞壁は細胞質分裂時にできる細胞板からつくられる点で，動物の細胞外マトリックスとはその構築のしくみがまったく異なる．植物と動物の成長や形態形成の様式の違いは，この細胞壁の有無に起因するところが大きい．一方，細胞成長は，陸上植物の形態形成や成長の最も基本的な過程である．本章では，とくに，細胞成長における細胞壁のはたらきに焦点を当てて，陸上植物の形態形成や成長の基礎となるしくみを見ていく．

4.1　植物細胞壁の構造モデル

　維管束植物の細胞壁は，しなやかな一次壁と堅く疎水的な二次壁に大別できる．一次壁は，細胞分裂時にできる細胞板を核にして細胞伸長の過程でつくられるのに対して，二次壁は，細胞伸長停止後に一次壁の内側につくられる．

　維管束植物は，1つの細胞の発生段階により，一次壁と二次壁を使い分けるしくみを進化させたことにより，独自の成長様式を獲得し，同時に，維管束系による長距離輸送，支持組織の形成，乾燥耐性，病害耐性など，陸上での大型化に必須の適応システムを進化させてきたことは1章で述べた通りである．それらの機能の中でも，とくに重要なのが一次壁による細胞伸長の制御と，二次壁による組織の力学的支持である．

　細胞壁の骨格となる結晶性のセルロース微繊維は，コケ植物を含め，陸上植物に共通であるが，マトリックスの構成成分は，植物種や細胞型により大きく異なる．とくに一次壁と二次壁の間で違いが顕著である．二次壁の特徴はリグニンを含み，セルロース微繊維や疎水性の構造タンパク質の比率が高いことである．一方，コケ植物の細胞壁にはリグニンは認められず，維管束

4.1 植物細胞壁の構造モデル

表 4.1　被子植物の細胞壁の構成成分

分子種		I型細胞壁(真正双子葉類)		II型細胞壁(イネ目)	
		一次壁	二次壁	一次壁	二次壁
		(重量%)			
結晶性の微繊維	セルロース	15～30	45～50	20～30	35～45
架橋性多糖	キシログルカン	20～25	微量	1～5	微量
	グルクロノアラビノキシラン	5	20～30	20～40	40～50
	マンナン	5～10	3～5	微量	微量
充填性多糖	1,3/1,4-β-グルカン	無	無	10～30	微量
	ペクチン	20～35	0.1	5	0.1
構造タンパク質		10	微量	1	微量
フェニールプロパノイド	フェルラ酸など	微量	微量	1～5	0.5～1.5
	リグニン	微量	7～10	微量	20
CNOH以外の元素	珪素		可変		5～15

マトリックスは架橋性多糖と，充填性多糖，構造タンパク質，フェニールプロパノイド系の4つの高分子成分に大別できる．二次壁には，細胞型により，リグニン以外にスベリンやクチン，ワックスなどの脂肪酸からなる疎水性成分が含まれることがある．
(Vogel, 2008のデータをもとに作成)

植物で見られるような二次壁はない．

　一次壁と二次壁の区別とは別に，被子植物の細胞壁は，マトリックスの主要な構成分子の違いにより大きく2種類に分けられる (表4.1)．双子葉植物と一部の単子葉植物ではキシログルカンとペクチンが主要なマトリックス成分であるのに対して，イネに代表されるイネ目の単子葉植物では，グルクロノアラビノキシラン，フェニールプロパノイド，1,3/1,4-β-グルカンが主要な構成成分である．前者を，I型細胞壁，後者をII型細胞壁という．イネ目などが分岐する進化の過程で，細胞壁の構造も大きく変わったことがうかがえる．

　I型細胞壁ではキシログルカンがセルロース微繊維間の架橋として機能し，ペクチンが微繊維間を充たしているのに対して，II型細胞壁ではグルクロノアラビノキシランとフェニールプロパノイドが主要な架橋として機能し，1,3/1,4-β-グルカンが充填性多糖として機能していると考えられる (図4.1)．このような細胞壁構造の多様性は機能の多様性を反映したものである．表4.1と図4.1に，両細胞壁型の一次壁と二次壁について，主要な構成成分の比率と，

■ 4章　細胞壁と細胞成長

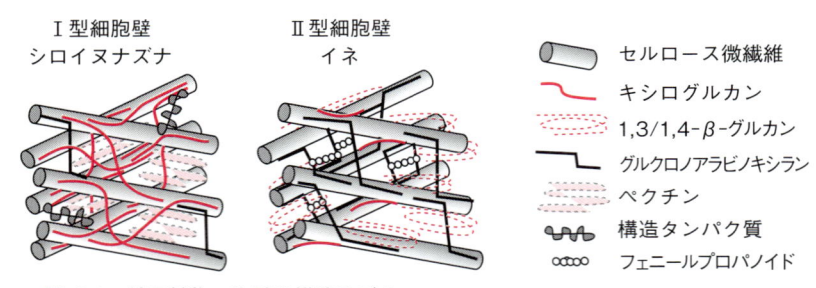

図 4.1　被子植物一次壁の構造モデル
被子植物の細胞壁は，その構造に基づいてI型とII型に大別される．I型細胞壁はキシログルカンが主要な架橋性多糖で，ペクチンが微繊維間を充填する．一方，II型細胞壁ではキシランが主要な架橋性多糖で，1,3/1,4-β-グルカンが微繊維間を充填する．（Yokoyama *et al.*, 2004；西谷, 2006 に基づいて作成）

構造モデルを示す．

4.2　セルロース微繊維

　グルコース分子が数千から1万残基，1,4-β-グルコシド結合で直線状に結合した1,4-β-グルカン分子が数十本束になって，水素結合により結晶化したものがセルロース微繊維である．その結晶構造には複数のタイプがあり，陸上植物のセルロース微繊維はIβ型（単斜晶型）というタイプに分類される．Iβ型セルロース微繊維は天然繊維の中では最も引っ張り強度の強い化合物であると言われている．藻類や，動物のホヤ，原核生物の酢酸菌などもセルロース微繊維を合成するが，Iβ型のセルロース微繊維からなる細胞壁をもつのは陸上植物とその直接の祖先である車軸藻類だけである．

4.2.1　セルロース合成装置

　1980年に細胞膜上のセルロース微繊維を電子顕微鏡で観察できるようになると，その末端には常に，6つの顆粒からなる六角型の構造が存在することが明らかになり，セルロース合成に関わる複合体であろうと考えられ，末端複合体（TC）と名づけられた．また，6つの顆粒の並び方がバラの紋様に似ていることから，TC はロゼットとも呼ばれる（図4.2）．
　1990年代の初めに，原核生物のセルロース合成酵素遺伝子がまず単離され，その酵素と，よく似た構造モチーフをもつタンパク質の遺伝子がワタや

コラム5
細胞壁モデル

　細胞壁の研究は，チャールズ2世の王政復古直後に設立されたロンドン王立協会で始まった．協会設立の中心人物であったロバート・フックが1665年に著した『ミクログラフィア』の中に「Cell」として記録されたのがコルクの細胞壁に関する最初の記載であることは有名である．続いて1671年に同協会の幹事であったネヘミア・グリューが，さまざまな種の植物について，各組織を顕微鏡で観察し，組織の構成や細胞壁の形状を解剖し，その研究成果を王立協会で発表している．1682年には銅版画90葉を含めた『植物の解剖』という著作を出版している．細胞説が出る二世紀も前に，生殖組織の細部の細胞構造やリグニン化した維管束細胞の形状まで，精細に記載しているのには驚かされる．

　それからほぼ300年後の1973年に，当時コロラド大学のアルバーシャイムのグループが，シカモアカエデの培養細胞の細胞壁を，基質特異性の高い多糖加水分解酵素で断片化し，精製したオリゴ糖断片の構造を機器分析を用いて解析する方法を確立し，細胞壁の分子構造モデルを初めて提唱した．このモデルはその後，いろいろな点で修正されることにはなったが，セルロース微繊維にキシログルカンが接着し，それを介して，セルロース微繊維間が架橋されているというアイデアは，今も受け入れられている．

　アルバーシャイムのもう1つの功績は，セルロース微繊維間を架橋する多糖のつなぎ換え反応を仮定すれば，それにより，細胞壁の高次構造の再編が可能であることを指摘したことである．彼の仮説は，およそ20年後の1992年にアズキのアポプラスト液から，エンド型キシログルカン転移酵素/加水分解酵素（XTH）が単離精製され，その酵素反応が解明されたことにより実証されることになる．

シロイヌナズナで同定され，CesAと名づけられた．さらにそのタンパク質がTCに存在することが，抗CesA抗体を使った免疫学的手法により明らかにされ，TCが被子植物のセルロース合成装置であることが実証された．

セルロース微繊維の合成は，グルコース分子を $1,4\mathchar`-\beta\mathchar`-$ グルコシド結合により重合してグルカン分子を伸長させる過程と，グルカン分子を束ねて結晶化させる過程からなると考えられる．CesAはグルカン分子の伸長を触媒する．この酵素は8回膜貫通型のタンパク質で，1つのTC顆粒ごとに6分子，TC全体で合計36分子が含まれるモデルが考えられている．

各CesA分子は，原形質内より供給されるUDP-グルコースを基質にして，グルコース部分を $1,4\mathchar`-\beta\mathchar`-$ グルカン鎖に転移し，$1,4\mathchar`-\beta\mathchar`-$ グルカン鎖を細胞膜の外側すなわち細胞壁側に押し出す．一方，UDP-グルコースはスクロースまたはグルコース-1-リン酸から合成される．この過程が，TC内の36分子のCesAのはたらきで，いっせいに進むと，一度に36本の $1,4\mathchar`-\beta\mathchar`-$ グルカン分子が細胞壁中に紡ぎ出されることになる（図4.2）．

36本のグルカン分子の束は細胞壁の最内面で結晶化し，セルロース微繊維となる．結晶化の過程が $1,4\mathchar`-\beta\mathchar`-$ グルカン分子の自己組織化（自己集合）により進むのか，あるいは，CesAまたはCesA以外のタンパク質の触媒作用により進むのかは，なお不明である．

こうして，約36本の $1,4\mathchar`-\beta\mathchar`-$ グルカンからなるIβ型セルロース微繊維ができる．グルコースの重合度から考えると，$1,4\mathchar`-\beta\mathchar`-$ グルカン1分子の長さは5μm程度ではあるが，微繊維内ではグルカン分子が互いにずれながら束になるため，微繊維長は分子長よりもはるかに長く，細胞周囲の長さの何倍にもなりうると考えられる．セルロース微繊維の内部は，断面長が4nmの結晶構造であるが，表面には非結晶性の $1,4\mathchar`-\beta\mathchar`-$ グルカンが露出している．この領域でマトリックス高分子と分子間相互作用が可能である．

4.2.2　CesAファミリー

CesAタンパク質をコードする遺伝子は，被子植物のゲノム内では10前後のメンバーからなるファミリーを形成している．シロイヌナズナではちょうど10種の *CesA* 遺伝子が存在し，*CesA1*, *CesA2*…*CesA10* と名前が付いてい

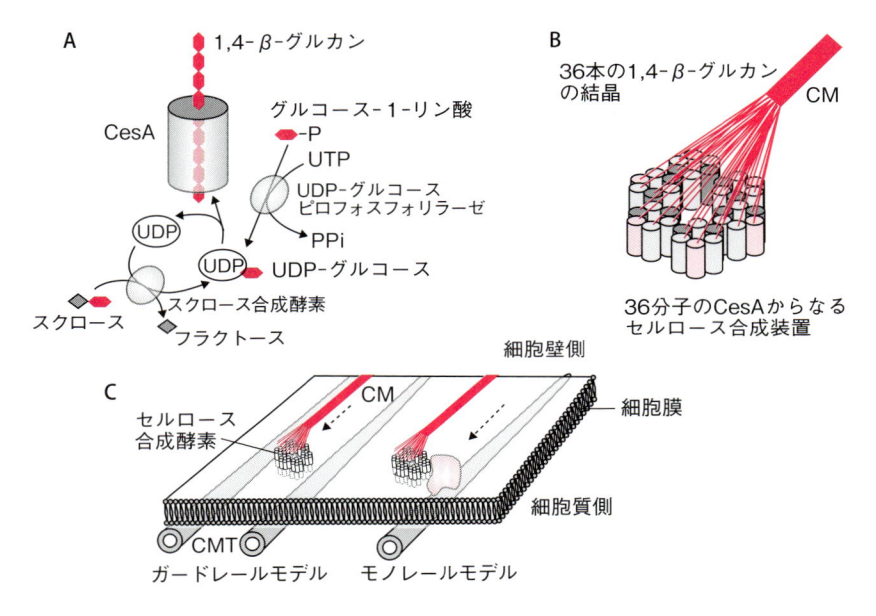

図4.2 セルロース合成装置
A：セルロース合成の基質であるUDP-グルコースはスクロースまたはグルコース-1-リン酸から供給される．重合反応は膜上のCesA酵素の複合体により触媒される．
B：3種類のCesA分子（色で区別している）が自己組織化により36分子集まりセルロース合成装置を形成するモデル．36分子のCesAにより，同時に36本の1,4-β-グルカンが合成される．
C：表層微小管がセルロース合成装置の膜上の移動方向を制御し，細胞壁中のセルロース微繊維の配向を決める．そのしくみについて，ガードレールモデルとモノレールモデルの2つのモデルが提唱されている．CM：セルロース微繊維，CMT：表層微小管．(Doblin *et al*., 2002；Hasezawa *et al*., 1999；Giddings *et al*., 1988を参考に作図)

る．1つのTCには3種類の異なるCesA分子が含まれ，CesA分子間の相互作用の特性（親和性）の違いにより，固有のパターンをつくり，これが膜上で自己集合してロゼット形を形成・維持していると考えられる（図4.2）．また，その組合せは各遺伝子の転写段階で制御され，芽生えの根の一次壁の合成には*CesA1*, *CesA3*, *CesA6*の3遺伝子が関与し，成熟した植物体の花茎の二次壁には*CesA4*, *CesA7*, *CesA8*の3遺伝子が関与する．一次壁と二次壁の合成装置の違いの詳細は未解明である．合成されるセルロース微繊維は一次壁と二次壁で重合度などが異なることはセルロース微繊維の解析からわ

かっているが，そのしくみは不明である．

4.2.3 セルロース微繊維の配向制御

伸長中の細胞では，細胞壁の内側に新たに沈着するセルロース微繊維の方向と，表層微小管の向きが一致することが多い．また，表層微小管の重合を阻害する薬剤であるコルヒチンやオリザリンで植物細胞を処理して，表層微小管を破壊すると，セルロース微繊維の配向が乱れ，細胞の伸長成長が阻害され，細胞は肥大する．このような事実から，細胞膜の内側に張り付いている表層微小管は，何らかの方法で，細胞膜上のTCの移動方向を制御することにより，合成されるセルロース微繊維の配向を決め，細胞伸長の方向を決めていると考えられてきた．

cYFPという黄色の蛍光タンパク質をCesA6タンパク質に融合させたcYFP-CesA6という組換えタンパク質を遺伝子組換えによりシロイヌナズナで発現させると，蛍光をもつcYFP-CesA6がTCの中に組み込まれ，TCが細胞膜上を動く過程を観察することができる．また，GFP-TUA1という緑色の蛍光タンパク質で標識したチューブリンを，やはり同じシロイヌナズナで発現させると，細胞膜直下の表層微小管の向きを観察できる．これらの2つの蛍光タンパク質を，同一植物細胞内で発現させ，細胞膜上のTCと膜直下の表層微小管の動きを，同時に観察することにより，TCが表層微小管に沿って動くことが2006年に実証された．しかし，同時に，薬剤により表層微小管を破壊しても，TCは真っ直ぐに膜の上を移動できることも明らかになった．このことから，微小管はTCの方向を制御するものの，TCの移動そのものには必須でないことがわかる．

cYFP-CesA6の観察からTCは同じ場所を双方向に進むこと，その移動速度が，150〜500nm/minと一定していることもわかった．グルコース一残基の長さは0.5nmであるので，TC上の1,4-β-グルカン合成速度は300〜1000グルコース残基/分と計算できる．セルロースは陸上の生物現存量中最大の比率を占める炭素化合物である．その合成のしくみの解明は，植物生理学の重要なテーマの1つであった．それに関わる分子が同定されただけでなく，その動きをリアルタイムで観察できた意義は大きい．

4.2.4 マルチネット成長説

合成されたばかりのセルロース微繊維はマトリックスと相互作用しながら細胞膜面に平行な曲面上に配置される．曲面上の微繊維の向きを配向と呼ぶ．配向は一定の方向に揃うことが多いため，向きの揃ったセルロース微繊維のシートができ，それが細胞壁の最内層に張り付く．この過程が何度かくり返されると，細胞壁ラメラ（層状）構造ができあがる．バウムクーヘンは外側に新しい層をつくりながら焼いていくが，細胞壁ラメラは，それとは逆に内側に新しい層をつくる．

細胞が伸長しながら一次壁内でこの過程が進む場面を考えてみると，細胞壁が伸展するに伴い，外側の古いラメラは引き延ばされ，ラメラの厚みが薄くなり，その中の微繊維が疎になる．それと同時に，微繊維の配向は次第に伸長方向と平行に近くなっていく．その結果，細胞壁ラメラには，微繊維の配向や厚みの勾配ができ，最内層のラメラが最も厚くなる．

ワタの細胞壁ラメラの構造を電子顕微鏡で観察する方法により，最内層のラメラ内の微繊維は密で，細胞伸長の方向に垂直に配向していることが

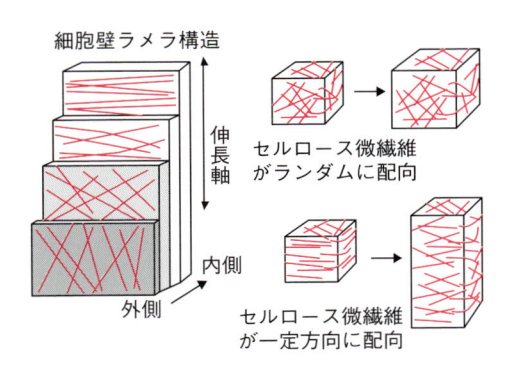

図4.3 マルチネット成長説
一次壁はラメラ構造からなり，細胞の伸長過程で次々と新しいラメラ構造が作られる．伸長中の細胞では，最内層のラメラは最も厚く，細胞壁の力学的特性に最も大きく影響する．細胞は，最内層のラメラのセルロース微繊維の向き（配向）と垂直に伸長する．その結果，外側のラメラは，次第に垂直からランダムな方向に変化する．（Roelofsen *et al.*, 1953；Green, 1962 を参考に作図）

1953年に明らかにされ，その事実を基にして，マルチネット成長仮説が提唱された（図4.3）．この仮説のエッセンスは，一次壁の細胞壁の最内層のラメラが細胞壁の力学的な強度を担い，そのラメラ内のセルロース微繊維の配向と垂直方向に細胞壁が伸展するという点である．この仮説そのものは，細胞成長のしくみを説明するものではないが，仮説が前提としている事実は，車軸藻類や多くの陸上植物で検証され，最内層のラメラ内の微繊維の配向と垂直な方向に細胞壁が伸展するという考え方は，広く受け入れられている．

4.3　マトリックス

セルロース微繊維が細胞膜上で合成されるのに対して，マトリックス多糖類は小胞体，ゴルジ体内で合成されたのち，分泌小胞塊などを介した大量膜輸送系により細胞壁中に分泌される（図4.4）．細胞壁中に分泌されたマトリックス成分はエンドサイトシスにより回収され，再利用されているようである．

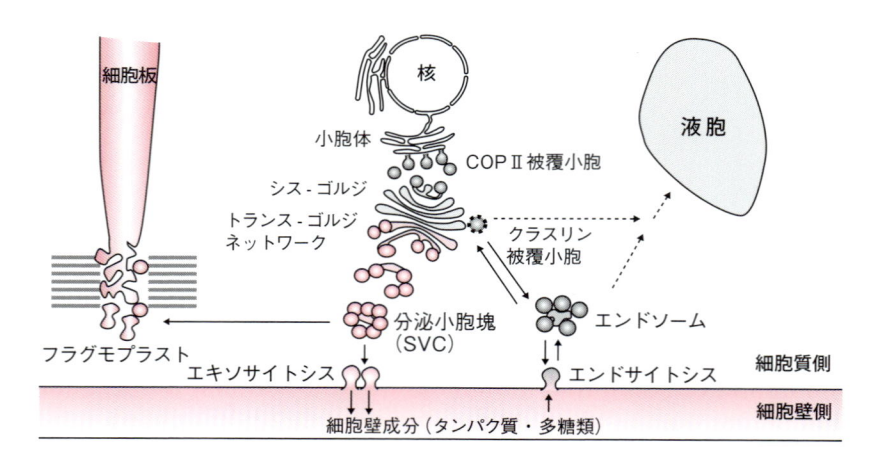

図4.4　細胞壁マトリックス成分の合成と分泌経路
小胞体で合成された膜タンパク質や分泌タンパク質はCOP II 被覆小胞によりゴルジ体に輸送される．ゴルジ体内では細胞壁マトリックス多糖類が合成され，分泌タンパク質と共に分泌小胞塊を介して，細胞壁または細胞板（将来の細胞壁）に輸送される．細胞壁成分の一部はエンドサイトシスにより回収される．（Toyooka *et al.*, 2009 を改変）

4.3.1 架橋性多糖

　セルロース微繊維と水素結合などの相互作用により直接接着し，微繊維間を架橋し，細胞壁の基本骨格をつくるマトリックス多糖類を架橋性多糖という．これらの多糖類は，セルロース微繊維と強固に結合するため，濃いアルカリ溶液でなければ可溶化されない．この性質により，架橋性多糖類は古くよりヘミセルロースと呼ばれてきた．

　キシログルカンは，陸上植物に普遍的に存在し，I型細胞壁では主要な架橋性多糖である．典型的なキシログルカンは，$1,4\text{-}\beta\text{-}$グルカンの主鎖にキシロースとガラクトース，フコースを含む短い側鎖のついたくり返し構造単位からなる細長い高分子である．その主鎖の$1,4\text{-}\beta\text{-}$グルカンの領域で複数のセルロース微繊維と水素結合により接着し，微繊維間を架橋する．側鎖の位置や糖の種類は植物の系統と細胞型により異なる．

　キシログルカンに限らず，マトリックス多糖はすべて，ゴルジ体内で膜結合型の糖転移酵素群により糖ヌクレオチドから合成される．一般に，複数種の単糖からなる複合多糖の合成過程は複雑で，ゴルジ体膜上に存在する複数種の合成酵素が順番に異なる種類の糖を転移しながら合成反応が進む．キシログルカンの合成の場合には，少なくとも，$1,4\text{-}\beta\text{-}$グルカン鎖の重合を触媒する酵素，キシロースをグルカン主鎖の特定の部位に転移する酵素，キシロース側鎖にガラクトースを転移する酵素，さらにガラクトース側鎖にフコースを転移する酵素が必要で，それらが協調して順序正しくはたらきながら，くり返し単位を合成していくと考えられる．

　イネでは，グルクロノアラビノキシランが架橋性多糖としての役割を担うとされる．この多糖の主鎖である$1,4\text{-}\beta\text{-}$キシランの部分で，セルロース微繊維と水素結合により強く結合し，微繊維間を架橋していると考えられている．

4.3.2　CSL（Cellulose Synthase Like）スーパーファミリー

　興味深いことに，キシログルカンの主鎖の合成に関わる多糖転移酵素群（CSLC）は，セルロース合成に関わるCesAと同じ祖先のタンパク質群であることが明らかとなった．CSLC群以外にも，グルコマンナンの合成酵素群

■ 4章　細胞壁と細胞成長

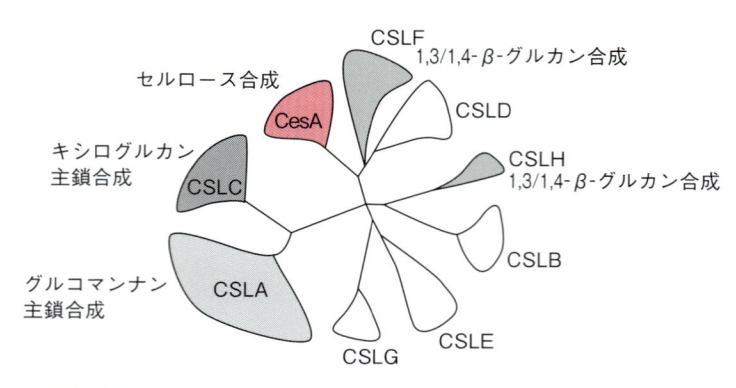

図 4.5　CSL の系統樹
セルロース合成酵素 CesA は被子植物では 10 前後のメンバーをもつ CesA ファミリーを形成している．また，キシログルカンやグルコマンナン，1,3/1,4-β-グルカンなどの合成酵素もそれぞれ，CSLC や CSLA，CSLF，CSLH のファミリーを形成する．これらは，いずれも D-D-D-QXXRW という特徴的なアミノ酸配列をもち，GT2 ファミリー転移酵素に属す．これら全体を CSL スーパーファミリーという．（Hazen *et al*., 2002；Burton *et al*., 2006 を改変）

（CSLA），さらにイネ目の II 型細胞壁にのみ見られる 1,3/1,4-β-グルカンの合成酵素群（CSLF，CSLH）も，セルロース合成酵素と類縁のタンパク質である．それらのファミリー全体を CesA 類縁酵素スーパーファミリー（CSL スーパーファミリー）という（図 4.5）．

このことから，セルロース／マトリックス多糖からなる細胞壁の枠組みは CesA ファミリーと CSL ファミリー群が平行して進化し，できあがった細胞壁構造であることがわかる．さらに，被子植物界の CSL スーパーファミリー遺伝子群の比較より，イネ目などの単子葉植物が分岐する過程で，1,3/1,4-β-グルカン合成酵素をつくる遺伝子群（CSLF, CSLH）が分岐したこともわかる．

4.3.3　XTH

セルロース間のキシログルカン架橋は動的で，常に切断と結合をくり返している．この反応は，エンド型キシログルカン転移酵素／加水分解酵素（XTH）により触媒される．XTH は陸上植物の進化の過程で多様化したことがゲノムを調べるとよくわかる．イネ，シロイヌナズナ，蘚類のヒメツリガネゴケ

4.3 マトリックス

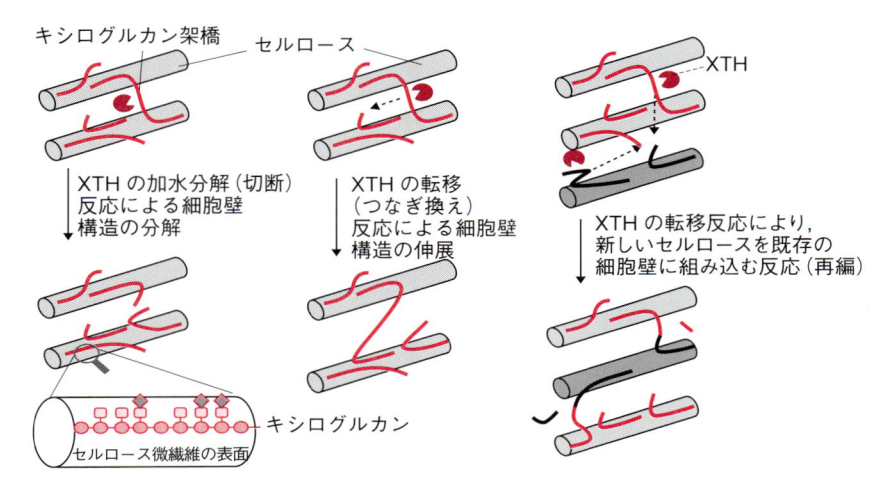

図4.6 XTHによるキシログルカン架橋のつなぎ換えと切断
キシログルカンはセルロース微繊維と水素結合で接着し，微繊維間を架橋する．エンド型キシログルカン転移酵素／加水分解酵素（XTH）はキシログルカン架橋の切断，またはつなぎ換えを触媒し，セルロース微繊維／キシログルカン複合体の高次構造の構築，再編，分解など，構造変化のほとんどの過程を触媒する．（Nishitani et al., 1992；Nishitani, 1995を改変）

のゲノムには，それぞれ30前後のXTH遺伝子が存在する．

XTHファミリーのメンバーには，キシログルカン分子を切断する加水分解反応のみを触媒する酵素と，切断後に別のキシログルカン分子の末端に結合するつなぎ換え反応を触媒するものとがある．この2つの反応の組合せで，セルロース微繊維／キシログルカンの枠組みの中に新しいセルロース微繊維を挿入する反応や，枠組みの再編，架橋の分解などの反応を自在に進めることができる（図4.6）．

4.3.4 充填性多糖

架橋性多糖類はセルロース微繊維間を架橋して，細胞壁の基本骨格となる枠組みをつくるのに対して，充填性多糖は，セルロース微繊維の枠組みの中の空間を充填しながら，その力学的特性を維持・調節するはたらきをもつ．ペクチン性多糖類は，Ⅰ型細胞壁の代表的な充填性多糖類である．

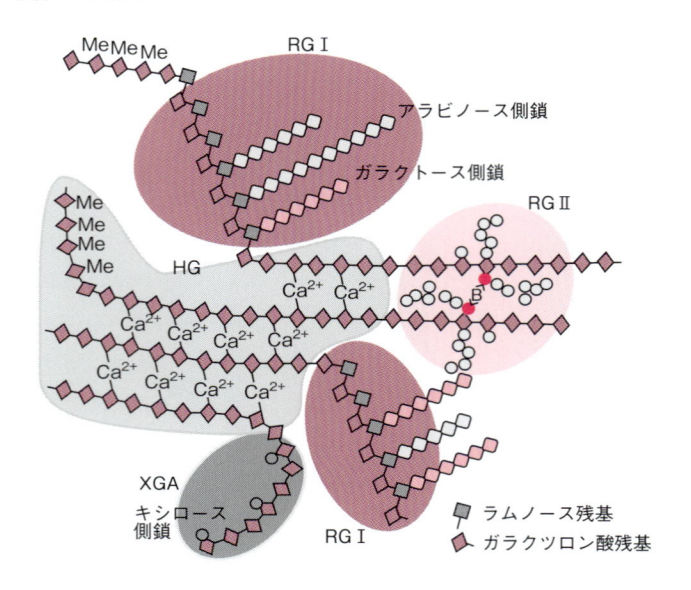

図 4.7　ペクチンの高次構造

ペクチンはホモガラクツロナン (HG)，ラムノガラクツロナン (RG) I，II，キシロガラクツロナン (XGA) の 4 種類のドメインからなる．HG 間はガラクツロン酸残基のカルボキシル基間で Ca^{2+} 結合により架橋される．RG II 間はアピオース残基間でホウ素を介した配位結合により架橋される．その結果，ペクチンは多数のドメインからなる巨大な構造を作る．HG のカルボキシル基は分泌時にはメチルエステル化 (Me) されているが，ペクチンメチルエステラーゼの作用で脱メチル化されると，Ca^{2+} 架橋形成や酵素分解を受け易くなる．(Mohnen, 2008 を参考に作図)

　ペクチン性多糖類はホモガラクツロナン (HG) とラムノガラクツロナン I (RG I)，ラムノガラクツロナン II (RG II)，キシロガラクツロナン (XGA) の 4 つの構造領域からなる（図 4.7）．HG はガラクツロン酸が 1,4-α-結合で直鎖状につながった構造領域である．RG I はガラクツロン酸とラムノースが交互につながった直鎖状の領域である．それに対して RG II はガラクツロン酸の主鎖にアピオースなどを含む側鎖がついた，複雑で枝分かれの多い領域である．XGA は HG にキシロース側鎖が付いた領域である．これらのペクチン性多糖は，架橋性多糖類と同様，ゴルジ体内で合成された後，細胞板や細胞壁中に膜輸送される．

HG 領域のガラクツロン酸残基のカルボキシル基はメチルエステル化された状態で細胞壁中に分泌され，分泌後，細胞壁中のペクチンメチルエステラーゼの作用により，メチルエステル基が分解される．その分解により，ガラクツロン酸残基のカルボキシル基間で Ca^{2+} を介した架橋が形成され高分子化し，細胞壁の力学的強度が増す場合と，逆に HG 領域がペクチン分解酵素であるエンド - ポリガラクツロナーゼによる分解を受けやすくなる場合とがある．このようなしくみで，ペクチンメチルエステラーゼは充填性多糖の高次構造の調節において重要な役割を担う．

一方，RG II 領域間は，アピオース残基を介してホウ素ジエステル結合により架橋され，ペクチンの高分子化に必須の役割を担う．ホウ素は動物では必須ではないが，植物では必須元素の 1 つである．その主要なはたらきの 1 つは，RG II ドメイン間の架橋形成である．

カルシウムとホウ素による架橋を通して，ペクチン性多糖類は，HG 領域と RG II 領域でつながり，巨大な充填性多糖のネットワークをつくっている．

4.3.5 疎水性のマトリックス成分

疎水性成分の主な役割は細胞壁の水の透過を抑制し，同時に力学的強度や化学的安定性を高めることである．疎水性アミノ酸を含む構造タンパク質や，フェニールプロパノイドから合成される芳香族系のリグニンと，脂肪族系のスベリン，クチン，ワックスが主要な成分で，それぞれ，組織ごとに異なる役割を分担している．

a. 構造タンパク質

植物細胞壁の構造タンパク質は大きく①プロリン / ヒドロキシプロリン型糖タンパク質群，②グリシン型タンパク質群に分けられる．前者は，プロリン - リッチ - タンパク質，エクステンシン，アラビノガラクタン糖タンパク質の 3 つのサブグループからなる．プロリン残基とヒドロキシプロリン残基を豊富に含む点で動物のマトリックス成分であるコラーゲンに似るが，構造は必ずしも同じではない．一方，グリシン - リッチ - タンパク質群は糖鎖をもたず，グリシン残基がアミノ酸残基の大半を占めるのが特徴である．

これらの構造タンパク質は，ペプチド鎖上の NH と CO 間で水素結合を形

成し，ペプチド鎖が平面状に並んだ安定な β-シート構造を形成するのが特徴である．多くは，二次壁の分化と共に細胞壁内に沈着し，細胞壁を疎水性にすると共に，力学的に強靱にする役割を担う．たとえば，エクステンシンでは分子内のチロシン残基間にイソジチロシンという架橋ができ，それがさらに分子間で架橋してジ-イソジチロシン架橋を形成して，エクステンシン分子が重合し，巨大な疎水性の網状構造をつくり上げている．

b. リグニン

リグニンは，シキミ酸経路によって合成される3種類のフェニールプロパノイド化合物が，細胞壁中に分泌された後，過酸化水素（H_2O_2）を基質とするペルオキシダーゼのはたらき，あるいは，分子酸素（O_2）を基質とするラッカーゼのはたらきにより，酸化的に重合されてできる立体的な疎水性の高分子である．

シキミ酸経路は，原核生物から，菌類，植物で進化し，動物にはない代謝経路である．リグニン合成系は，このシキミ酸経路が維管束植物の進化の過程でさらに特殊化してできたものであると考えられる．コケ植物の細胞壁にはリグニン合成系はなく，一次壁と二次壁の区分はない．

リグニン重合は細胞壁の周縁部，すなわち最初につくられた中葉に接する一次壁の最外層のラメラから始まり，セルロース微繊維やマトリックス多糖，構造タンパク質とも共有結合を形成しながら，次第に内側の二次壁に進む．最も典型的なリグニンは，木部管状要素と師部繊維細胞の二次壁に見られる．高い木に水を上げるときに必要な通導組織の陰圧に耐える強度や，道管から水を漏らさないための疎水性，さらに，地上部を支えるための力学強度などを得るには，リグニンは不可欠な細胞壁成分である．

c. クチン，ワックス

維管束細胞壁がもっぱらリグニンにより補強されているのに対して，大気と接する表皮細胞壁の表層はクチクラ層により覆われる．クチクラ層の主要成分は，飽和脂肪酸が重合してできたクチンである．その表面にはさらに疎水性の高い長鎖脂肪酸エステルからなるワックス（ロウ）の結晶粒子が沈着する．これらの脂質の層は，表皮細胞壁の光沢や疎水性を増し，紫外線を反射し，

水蒸気の拡散を防ぐ役目をもつと同時に，病害微生物の感染を防ぐ役割をもつ．

d. スベリン

スベリンは，地下部の表皮細胞や，カスパリー線，原形質連絡など，内部組織の細胞の特定領域に局在して沈着する疎水性の細胞壁成分である．また，茎の表皮が脱離したのちに形成される周皮組織のコルク層細胞壁の主成分もスベリンである．飽和脂肪酸を含む点でクチンに似るが，それ以外に，ジカルボン酸やフェニールプロパノイドを含む点で異なる．

4.4 細胞成長

細胞分裂後に細胞が体積を不可逆的に増加させながら分化する過程を細胞成長という．細胞成長は，植物の成長過程の中でとくに重要な過程である．根や茎の伸長，葉や花の展開，花粉管の伸長などはいずれも細胞成長により達成される．

4.4.1 細胞成長の様式

植物の細胞成長は一般に核内倍加を伴うことが多いことを2章で述べた．その過程では細胞質ゾルの体積もある程度は増えるが，その増加分は細胞体積全体の増加分に比べれば微々たるものである．細胞体積の増加はもっぱら，液胞の吸水によるのが植物細胞の特徴である．その結果，液胞体積が著しく増加し，核や細胞質ゾルは細胞の周辺部に押しやられる．このため，植物の細胞成長は吸水成長ともいわれる．この成長を駆動するのは液胞内の低い水ポテンシャルである．

一方，成長の方向と速度は，細胞壁により制御される．細胞壁が均等に広がると，細胞は全方向に均等に拡大する．これを等方性の分散成長という．

ところで，有胚植物の細胞は受精卵由来の細胞極性をもつことを2章で述べた．したがって，その細胞成長の方向は多かれ少なかれ，この極性の影響を受ける．これらは，成長の方向が均一でないので，非等方性成長という．とくに頂端-基部軸に沿って細胞が伸びる成長を伸長成長とよび，放射軸に沿った成長を肥大成長という（図4.8）．

細胞壁の伸展の仕方には分散成長ともう1つ，細胞壁の一部が突出して伸

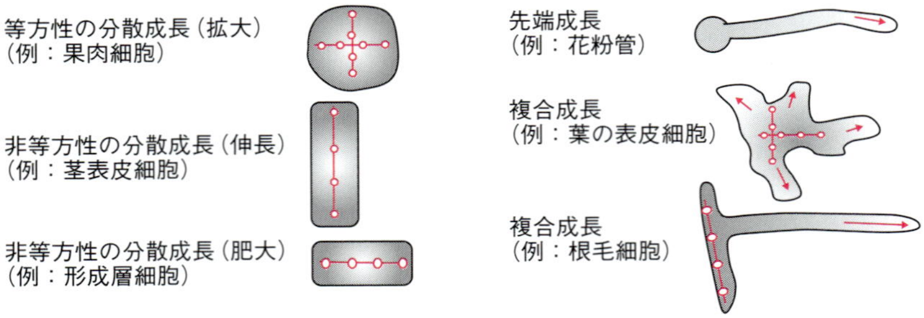

■ 4 章　細胞壁と細胞成長

図 4.8　細胞成長の様式
植物細胞の形態変化は分散成長と先端成長の 2 つの成長様式の複合過程である．○-○-○-○は分散成長の伸長軸を，→は先端成長の方向を示す．前者は表層微小管により，後者は主にアクチン繊維により制御されるとされている．（Geitmann *et al.*, 2009 を参考に作図）

びる先端成長の様式がある．有胚植物の細胞成長は，この 2 つの様式の組合せによって進む．維管束植物の茎や根のほとんどの細胞は分散成長の様式のみで成長する．それに対して，花粉管は先端成長のみで伸長する典型的な細胞である．一方，葉の表皮細胞や根の根毛細胞の成長は，同一細胞内に分散成長を行う領域と先端成長を行う領域が混在した複合型で，その結果，複雑な細胞の形が生み出される（4.4.4 参照）．

4.4.2　ロックハルトの方程式

細胞の体積増が吸水によって起こると考えると，細胞の成長速度は細胞内に水が流入する速度と言い換えることができる．水の移動方向や速度は水ポテンシャルの差で決まることは 3 章で見てきた．また，細胞内外の水ポテンシャル差は浸透圧と静水圧の 2 つの項で決まることも述べた．これを浸透圧と静水圧の言葉で表すと次のようになる．

まず，細胞の外を基準にしたときの，細胞内外の浸透圧差を $\Delta\Pi$（$\Pi_{in} - \Pi_{out}$）とし，静水圧差を ΔP（$P_{in} - P_{out}$）とすると，いずれも外（out）を基準にしているので浸透圧差 $\Delta\Pi$ は細胞内に水を引き込む力となる．一方，静水圧差 ΔP は細胞の外へ水を押しやる力となり，これは細胞の膨圧に相当する．したがって，細胞が水を吸収する力は $\Delta\Pi - \Delta P$ に比例する．細胞体積の増加は吸水によって起こるのであるから，その増加速度 v は $\Delta\Pi - \Delta P$

に比例する．さらに，水の流入速度が，細胞膜や液胞膜の水透過性に依存すると考えられるので，その係数をKとすれば，細胞体積の増加速度は次のように表すことができる．

$$v = K(\Delta\Pi - \Delta P) \cdots\cdots 式\ I$$

この式は，v が増加するには，水透過係数Kの増加か，浸透圧差 $\Delta\Pi$ の増加，または膨圧 ΔP の減少のいずれかが必要であることを表している．

細胞内の浸透物質濃度を浸透圧計で測定すると，通常の細胞伸長過程では，$\Delta\Pi$ は増加せず，むしろ減少する．また，Kは水チャネルのはたらきに大きく依存するパラメータであるが（3章参照），通常の細胞伸長過程では膜全体の水透過係数は変化しない．一方，細胞内の膨圧 ΔP は細胞の中に細い管を挿入して，圧力センサーで測定することができるが，この方法で ΔP を測定すると，細胞伸長が起こる際に減少する．したがって，水ポテンシャルに関する式Iからみた場合，細胞成長速度 v の増加はもっぱら膨圧 ΔP の低下により起こることになる．

次に，細胞成長が細胞壁を伸展させながら進む点に着目すると，細胞成長速度 v は細胞壁に掛かる張力に比例し，それは圧力である膨圧 ΔP の関数となる．物体に力をかけて変形させる場合を考えると，力が一定の閾値を超えなければ，一般に変形は始まらない．細胞壁でも同様で，膨圧 ΔP が一定の閾値を超えなければ細胞壁の伸展は起こらない．この閾値を細胞壁の臨界降伏閾圧（Y）と定義すると，成長速度は（$\Delta P - Y$）に比例することになり，細胞壁の伸展性を表す係数を Φ *とすれば，細胞成長速度は次の式で表される．

$$v = \Phi(\Delta P - Y) \cdots\cdots 式\ II$$

すでに式Iで見た通り，細胞伸長の際に膨圧 ΔP が低下するので，式IIの吸水速度 v が増加するには，膨圧 ΔP の減少を補って余りあるだけの Φ の増加またはYの減少，あるいはその両方が必要であると考えられる．実際，多くの細胞成長過程はこの式で記述でき，細胞成長が進むときには Φ の増加とYの減少が起こることが実験的に確かめられている．

---

*Φ：ファイ

■4章 細胞壁と細胞成長

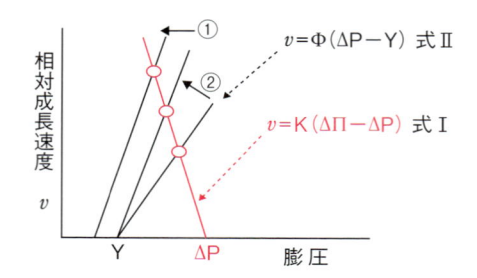

図4.9 ロックハルトの成長の方程式の図式
細胞の吸水成長の状態はロックハルトの2つの方程式を満たす点（図中の○印）として表すことができる．膨圧 ΔP の増加が起こらないとすれば，成長速度の上昇には，Y の減少（①），または，Φ の増加（②）のいずれかが必要である．(Katou *et al.*, 1986；山本, 1999 を改変)

図中の式：
$$v = \Phi(\Delta P - Y) \quad \text{式II}$$
$$v = K(\Delta \Pi - \Delta P) \quad \text{式I}$$

この2つの式は1965年に提唱されたもので，提唱者の名に因んでロックハルトの成長の方程式と呼ばれる．両式はいずれも v を ΔP の関数として表しているので，横軸に膨圧 ΔP を取り，縦軸に v を取ると，両式が描く直線の交点が，実際の細胞が取りうる状態になる．v が正の値に保たれれば細胞は成長していることになる．

両式の交点の移動に注目して，両式のパラメータの変化の可能性をみると，式Iの ΔP の減少と，式IIの Y の減少または Φ の増大を満たす交点が存在することがグラフから読み取れる（図4.9）．細胞成長が続くには，この状態を維持するように細胞壁や水ポテンシャルのパラメータが制御されていることになる．以上の理論は実験結果と概ね一致することから，細胞壁の性質の変化が細胞成長の直接の制御過程であると考えてよい．

4.4.3 細胞壁の応力緩和と伸展

2つの成長の方程式を基にして，細胞成長時の水ポテンシャルと細胞壁の動態をまとめると図4.10のようになる．ここで重要なのは，細胞壁の伸展の直接の引き金は，細胞壁の構造変化に起因する応力緩和という物性の変化という点である．その動的な状態を細胞壁のゆるみという．細胞壁のゆるみは，膨圧低下を引き起こし，細胞を吸水できる状態にする．この一連の過程は細胞壁構造の中の荷重負荷が掛かる分子構造単位ごとに進み，非常に短い

図 4.10 細胞壁の応力緩和により細胞が伸長するモデル
A：細胞壁が堅いので，膨圧がかかっても伸展せず細胞成長は起こらない．細胞壁には，膨圧と釣り合う応力（壁圧）が発生する．
B：細胞壁の伸展性Φあるいは降伏閾値Yに影響するような構造変化が起こると（図4.9参照），細胞壁の応力が減少する．この過程を応力緩和という．
C：応力緩和が起こると，応力が低下し，膨圧と応力のバランスが崩れ，細胞壁がわずかながら伸展し，その結果，細胞内の膨圧が低下し，膨圧と応力が共に低いレベルとなる．この動的な状態を「細胞壁のゆるみ」という．
D：膨圧が低下すると，細胞内に水が流入し，細胞壁を伸展させながら，細胞成長が進む．細胞壁伸展過程では，細胞壁合成を含めた高次構造の再編が起こり，その結果，応力と膨圧が再び高いレベルで釣り合う．

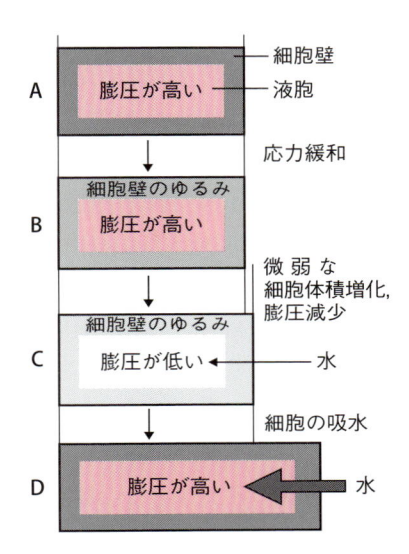

周期でくり返されると考えられる．その結果，細胞壁全体としては，力学的な特性を保ちながら，細胞は連続的に吸水し，成長を続けることが可能となる．

4.4.4 細胞壁のゆるみ

マルチネット成長説の項で述べた通り，細胞壁はセルロース微繊維の配向と垂直方向に伸展する．したがって，細胞壁を引き延ばす力は，セルロース微繊維に垂直に掛かる．この張力負荷を受けるのはセルロース微繊維間を埋めているマトリックス高分子である．中でも，架橋性多糖であるキシログルカンが，セルロース微繊維間に掛かる張力を受け止める主要な分子であると考えられている．これを張力負荷分子ということにしよう．細胞壁の伸展過程は，張力負荷分子の構造や物性の変化を通して制御されていると説明される．

張力負荷分子に直接作用して，細胞壁の構造や性質を調節可能な有力な候補分子として，エクスパンシン，エンド型キシログルカン転移酵素/加水分解酵素，イールディン，加水分解酵素類が知られている．

エクスパンシンは細胞壁多糖と結合するドメインをもち，キシランやキシログルカンなどの細胞壁の架橋性多糖に結合し，酸性条件下で細胞壁のク

リープを引き起こす分子である．クリープとは，物体が一定の力を加えられると，時間と共に変形する現象のことである．種子植物のエクスパンシンは30前後のメンバーからなるファミリーを形成し，組織特異的な発現パターンを示し，いろいろな組織で細胞成長に関与することが実証されている．しかし，このタンパク質分子の作用点や分子機能は不明である．

XTHはキシログルカン分子のエンド型転移反応と加水分解反応を触媒する2種類の酵素群を擁したタンパク質ファミリーで，キシログルカン架橋の構築・再編・分解の一連の過程を，このタンパク質ファミリーのはたらきのみで制御することができることは4.3.3で述べた通りである．

イールディンはグリセロールで固定した細胞壁の降伏閾値Yを下げる活性をもつキチナーゼファミリーのタンパク質である．エクスパンシン同様，その分子の作用点や分子の機能は，なお不明である．

これらの分子以外にも，ペクチンメチルエステラーゼなどマトリックス多糖の構造の修飾に関わる酵素が見いだされている．細胞成長過程では，上記の酵素が中心となり，協調して役割を分担しながら細胞壁の応力緩和が制御されていると考えられるが，その分子過程の全体像は未解明である．

4.4.5 細胞の形の制御

4.4.1で述べた分散成長は細胞の成長軸と平行な細胞壁面にセルロース微繊維とマトリックスが均等に挿入され，細胞壁面全体が一様に一定方向に伸展する様式である．この様式では，伸展前の細胞壁面の構成成分は，伸展後の細胞壁全面に均等に「分散」する．分散成長の方向はセルロース微繊維の配向により決まるが，その制御は表層微小管が中心的な役割を担う．4.2のセルロース微繊維合成の項で述べた通り，表層微小管はセルロース合成装置であるTCの移動方向を制御することにより，セルロース微繊維の配向を制御し，それと直角に細胞壁が伸展する．

それに対して，先端成長は，小胞輸送により細胞壁成分を先端部の限定された領域へ運び，エキソサイトシスにより分泌することにより，先端部の細胞膜と細胞壁を集中的に伸ばす成長様式である．先端部での小胞輸送には，アクチン重合（アクチン繊維の維持）とカルシウムの濃度勾配の維持が必須

4.4 細胞成長

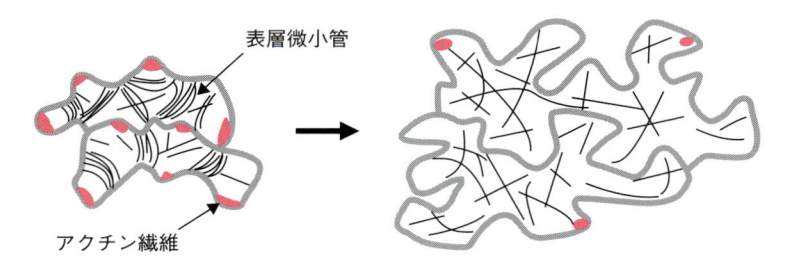

図 4.11 ROPによる先端成長と分散成長の統御モデル
細胞の特定位置の細胞膜上に局在する植物固有のRho GTPase（ROP）がその近傍でアクチンの重合を促進し，その結果，局部的な先端成長が起こり細胞表面に突起ができる．ROPは同時に，アクチン重合が進む領域で表層微小管の束化を制御し，特定の方向への分散成長を抑制する．ROPは先端成長と分散成長を共に制御することが可能である．（Fu *et al.*, 2005 を改変）

である（図 4.11）．

アクチン繊維の形成は先端域の細胞膜に局在するROPというRho GTPaseファミリーに属するタンパク質により制御される．Rho GTPaseファミリーとは真核生物に普遍的に存在する情報伝達分子で，細胞分化の随所でスイッチとしてはたらくことが知られている．ROPはその中の植物固有のサブファミリーで，被子植物には10前後のメンバーが存在し，組織ごとに役割分担をしている．

分散成長と先端成長が同一の細胞で進む例が葉の表皮細胞でみられることは 4.4.1 でも述べた．葉の表皮細胞はジグソーパズルのピースのように凹凸の激しい形をしている．この形の突出した部分にはROPタンパク質が局在する．ROPの機能を改変した形質転換シロイヌナズナでは表皮細胞の形状が大きく変わる．表皮細胞には，表層微小管による制御を受ける分散成長も機能していることから，この細胞内では2つの成長様式がモザイク状に進み，ROPは両成長過程を統御しているとするモデルが提唱されている．

5章 発生過程

　陸上植物は，受精卵が親植物内で胚を形成して初期発生を進める点で，その先祖である藻類とは発生様式が根本的に異なる．この様式は，コケ植物から被子植物に至るすべての陸上植物に共通で，しかも，固有の特性であることから，陸上植物は分類学的には有胚植物ということは1章で述べた通りである．したがって，陸上植物の発生過程の特徴を理解する上で重要なヒントは，胚形成のしくみにあると考えてよいだろう．そこで，この章では，被子植物の受精から，胚発生，種子形成・発芽，後胚発生に焦点をあてて見ていくことにする．

5.1　被子植物の受精

　花粉は葯の中で花粉母細胞からつくられる（図5.1）．花粉母細胞は減数分裂により花粉四分子となり，さらに不等分裂により大型の花粉管細胞（栄養細胞）と小型の雄原細胞（生殖細胞）になる．前者は栄養核を，後者は精核をもつ．雄原細胞は花粉管細胞膜に取り込まれて，入れ籠状となって花粉が成熟する．一方，胚珠の中の胚嚢母細胞（卵母細胞）は，減数分裂により，四分子となったのち，3細胞が退縮し，残った1細胞が3回分裂をくり返し，卵細胞と2つの助細胞，2つの極核，3つの反足細胞になる（図5.1）．

　成熟した花粉が柱頭に付くと吸水し，花粉管を伸ばす．これを花粉管発芽という．花粉管は花柱の組織内の細胞間隙をぬって伸長しながら胚珠を目指す．その間，花粉管内では雄原細胞が再度分裂し，2つの精細胞ができる．花粉管内の精細胞は次第に先端方向に押しやられ，花粉管が胚珠に達した所で珠孔を通って胚嚢の中に放出される．この一連の過程は自家不和合性や花粉管誘導というしくみにより精緻に制御されている．

5.1.1　自家生殖と他家生殖

　後生動物やコケ植物では雌雄異体や雌雄異株が一般的であるのに対して，

5.1 被子植物の受精

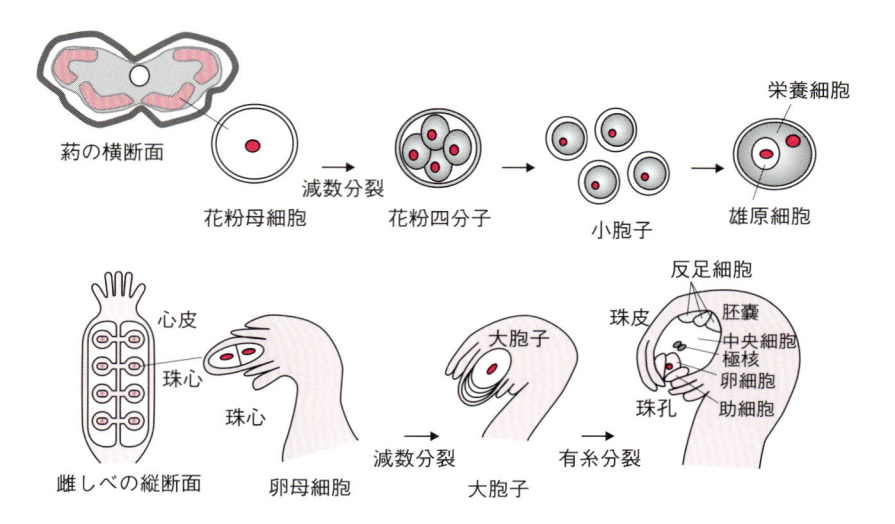

図 5.1 被子植物の生殖細胞
雄しべの薬の中の花粉母細胞が減数分裂により小胞子を作り、それが有糸分裂により雄原細胞と栄養細胞に分かれる。一方、雌しべの珠心の中の卵母細胞は減数分裂により大胞子をつくり、さらに3回の分裂により卵細胞、助細胞、極核、反足細胞ができる。（Buchanan et al., 2000 を参考に作図）

シダや種子植物の多くは雌雄同株である。とくに被子植物の多くは1つの花に雄性と雌性の生殖器官を備えるので自身の花粉により受精することができる。これを自殖という。自殖を行えば、受精の機会は保証され、種子繁殖という点では有利であるが、他の個体との交配という有性生殖本来の目的を達成する上では不利になることもある。どちらの戦略を重視するかで、種子植物の受粉のしくみは種によりさまざまである。現生の植物種のほぼ半数が、自殖を行うと推定されている。

自殖を避けるしくみは、大きく2つに分けられる。1つは、時間的あるいは空間的に受粉しにくい花にする方法、もう1つは、受粉しても受精できなくする方法である。前者には雄しべと雌しべの成熟の時期を離す方法（雌雄異熟）と雄花と雌花を別の個体につくる方法（雌雄異株）などがある。一方、後者の代表的なしくみは自家不和合性である。

被子植物の自家不和合性（self-incompatibility）を司る遺伝子は、その頭

■ 5章 発生過程

文字をとってS遺伝子座と呼ばれる．S遺伝子座には雄性因子と雌性因子のタンパク質をコードする2つの遺伝子が必ず隣接して存在する．雄性因子の遺伝子は花粉または花粉管で発現するのに対して，雌性因子は雌しべの柱頭または花柱で発現する．雄性，雌性の両因子をコードするS遺伝子座は100種に及ぶ多数の対立遺伝子座をもつことが多く，対立遺伝子の数だけ雄性因子と雌性因子の組合せが存在する．特定の対立遺伝子座の中に隣接して存在する雄性/雌性因子ペアの組合せをSハプロタイプという．花粉で発現する雄性因子と雌しべで発現する雌性因子が同じSハプロタイプに属するときには，両因子が特異的に認識し合うことにより，花粉と雌しべの細胞間で拒絶反応が起こる．そのため，たとえ受粉しても，受粉後の花粉の発芽または花粉管伸長が阻害され，花粉管が胚珠に到達することができず，受精に至

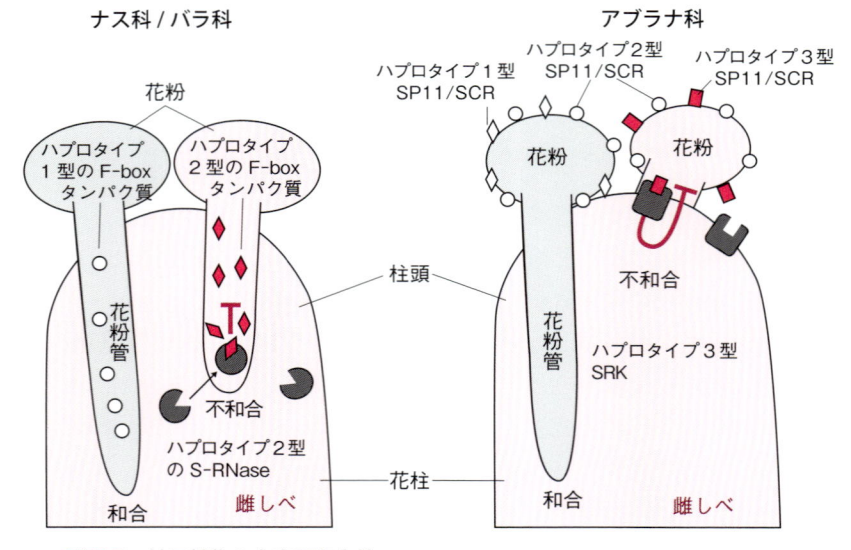

図5.2 被子植物の自家不和合性
ナス科やバラ科の植物では花粉管細胞内のF-boxタンパク質と雌しべのS-RNase分解酵素のハプロタイプ（遺伝子型）が一致すると，花粉管伸長が阻害され，受精できない．一方，アブラナ科では花粉の表面に分泌されるSP11/SCRタンパク質と雌しべの先端の細胞（柱頭細胞）の膜上のSRKのハプロタイプが一致すると花粉の発芽が阻害され，受精できない．
(Charlesworth *et al*., 2008；Takayama *et al*., 2005 を参考に作成)

らない．

　S遺伝子座がコードされる雄性因子/雌性因子の実体は植物種により異なる．ナス科やバラ科では雄性因子はSLF/SFBというタンパク質ユビキチン化の特異性を決めるF-boxタンパク質で，雌性因子はS-RNaseというRNA分解酵素である．同じS遺伝子座由来，すなわち同じSハプロタイプのSLF/SFBとS-RNaseの組合せの場合には，花柱内のS-RNaseが花粉管内に移動し，花粉内のリボソームRNAを分解して花粉管の成長を停止させる．これは，被子植物が進化の初期の段階で獲得した形質で，被子植物界に最も広く見られる自家不和合性のしくみである（図5.2）．

　一方，アブラナ科の雄性因子はSP11/SCRという花粉表層に分泌されるタンパク質で，雌性因子は柱頭の膜に結合しているSRKという受容体キナーゼである．両者が同一のハプロタイプのときには，SP11/SCRがSRKに認識されることにより，柱頭細胞の表面で花粉管の発芽が阻害される．

5.1.2 花粉管誘導

　自家不和合性チェックをクリアして，花粉管が珠孔の近くに達すると，急に方向を転じて，珠孔を目がけて伸長するようになる．花粉管伸長の詳細な観察より，珠孔周辺には，花粉管の伸長を誘導するしくみがあるに違いないと19世紀以来考えられてきた．21世紀になり，トレニア（ハナウリクサ）という植物を用いた東山らの研究により，花粉管誘導のしくみが明らかになった（図5.3）．

　トレニアは胚嚢が胚珠から少し飛び出しているため，花粉管が胚嚢に誘引される過程を顕微鏡下で観察できる珍しい植物である．顕微鏡下で紫外線レーザー照射によりトレニアの胚嚢内の細胞を1つずつ破壊していく実験により，助細胞が花粉管誘導に必要であることがまず実証された．さらに，助細胞から分泌される2種類のシステインに富むポリペプチド（CRP）が花粉管を誘引することも実証され，「引きつける」という意味でLURE1，2と名づけられた．LUREペプチドは植物種に特異的で，同一種内には複数種のLUREが存在し，花粉管誘導の過程で役割を分担していると考えられている．

　花粉管は先端成長により伸長し，LUREはその伸長を制御していることに

なる．花粉管の先端成長の制御には ROP が関与していることを 4.4.5 で見てきたが，ROP と CRP との関係は現時点では未解明である．アブラナ科などの自家不和合性に関わる雄性因子 SP11/SCR も LURE と同じ CRP の一種である．花粉管ガイダンス時の先端成長の方向制御と自家不和合性における花粉管伸長抑制には共通のしくみが関与しているのかもしれない．

5.1.3 被子植物の重複受精

精細胞を受け入れる側の雌しべに目を移すと，胚珠の中の胚嚢には，卵母細胞から減数分裂によってできた卵細胞，2 つの助細胞，2 つの極核をもった中央細胞，さらに 3 つの反足細胞，合計 8 細胞が整然と配置されている．卵細胞は極性をもち，この段階ですでに頂端 - 基部軸が明確で，細胞核は頂端側に片寄っている．花粉管より放出される精細胞のうちの 1 つは胚嚢の入り口近くに位置する卵細胞と頂端側で融合し受精する（図 5.3）．この融合過程には雄原細胞でつくられるある種の因子が必須であるといわれている．受精卵は分裂をくり返しながら胚を形成する．

一方，もう 1 つの精細胞は中央細胞内の 2 つの極核と融合して，分裂をくり返し，3n の胚乳組織をつくる．2 つに分かれた精核が，それぞれ，卵細胞と極核との間で，別個に核融合し，受精するので，これを重複受精という．この過程は被子植物に固有で，裸子植物以下の植物では見られない．胚は成

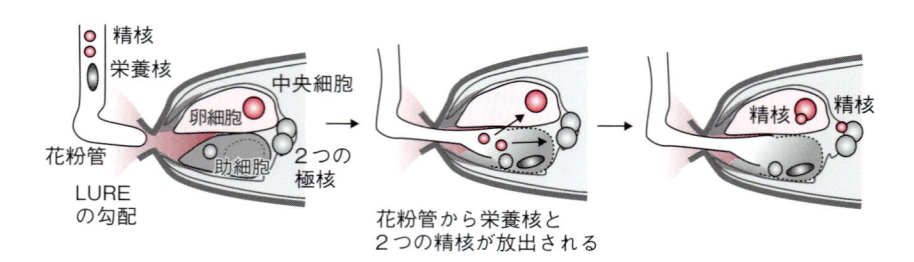

図 5.3　花粉管誘導と重複受精
助細胞が LURE 分子を放出して花粉管を誘引し，重複受精に至るプロセス．花粉管は胚珠の周辺に達すると助細胞から分泌される LURE 分子の誘導により助細胞と融合し，精核を放出する．2 つの精核のうちの 1 つが卵細胞と融合し，他の 1 つが極核と融合する．前者から胚が，後者から胚乳が発生する．
（Higashiyama, 2002；2010 を改変，Okuda *et al*., 2009 参照）

長して次世代の植物体となる．胚乳の運命は植物種により異なる．真正双子葉植物では，一時的に発達した後，種子形成の過程でプログラム細胞死により萎縮して痕跡のみとなるものがよく見られる．それに対して，イネ目植物では，胚乳は，種子形成の段階では，胚以上に大きく発達し，種子形成完了後は，貯蔵物質を多量に蓄積する組織として残る．このような種子を有胚乳種子という．有胚乳種子内の胚乳も発芽が終了し栄養貯蔵の役割を終えると，いずれはプログラム細胞死により消滅する（5.4参照）．

5.2 胚発生

被子植物の受精卵は胚嚢の中に固定され，頂端側（子房の合点側）と基部側（珠孔側）の区別が明瞭である（図5.1参照）．受精後，基部側に液胞が発達し，核を頂端側に押しやり伸長する．伸長した受精卵は，不等分裂により，短い頂端細胞と長い基部細胞に分かれる．この時期を1細胞期と呼ぶ．以後，頂端細胞由来の細胞の数に基づき2細胞期胚，4細胞期胚，8細胞期胚，球状胚，心臓型胚，魚雷型胚と呼ぶ．これら一連の初期発生過程は，転写因子と植物ホルモンの連携プレーにより制御される．

5.2.1 初期胚のパターン形成

植物細胞は隣の細胞と細胞壁で接着されているため，組織内を移動することはない．したがって，個体内の細胞間の相対的な位置関係は発生過程を通して原則として変わらない．そのため，植物は発生の初期の細胞系譜の空間配置を，成体になった後も，ほぼそのまま整然と残している器官が多い．この点で，植物の胚形成過程は動物のそれとは根本的に異なる．動物では分裂で増殖した細胞が離合集散し，個体内を移動しながら体をつくるのが基本である．

シロイヌナズナを例に取って胚から成体までの発生過程を追って，各細胞系譜の空間配置をたどると，頂端細胞は，8細胞期には頂端胚域と中央胚域とになる．前者は子葉や茎頂分裂組織となり，最終的には地上部の組織になるのに対して，後者からは胚軸と幼根の上部ができる．一方，基部細胞は原根層細胞と胚柄細胞になり，原根層細胞は分裂して，根端分裂組織の中心に位置する静止中心と根冠細胞の幹細胞となる．胚柄は胚形成の過程でプログ

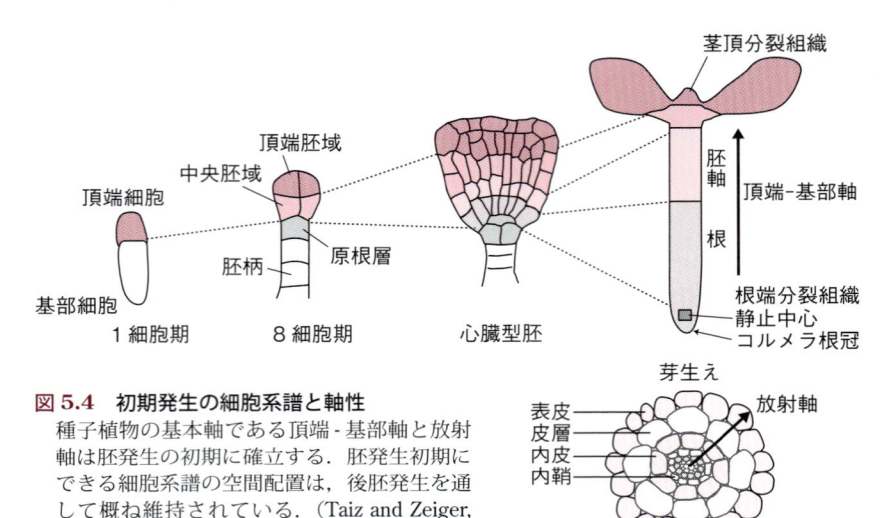

図 5.4　初期発生の細胞系譜と軸性
種子植物の基本軸である頂端-基部軸と放射軸は胚発生の初期に確立する．胚発生初期にできる細胞系譜の空間配置は，後胚発生を通して概ね維持されている．(Taiz and Zeiger, 2006を参考に作図，Chandler *et al.*, 2008参照)

ラム細胞死により萎縮し消滅する．したがって，被子植物では，大雑把に言うと茎と葉は頂端細胞から，根は基部細胞から生まれる（図5.4）．

　茎頂から茎を通って，根の先端に至る極性をもった軸を頂端-基部軸（上下軸）ということは2.4.4でも述べた．その両極に茎頂分裂組織と根端分裂組織ができる．この軸は，維管束植物の背骨ともいうべき基本軸となる．

　頂端-基部軸の周りには，同心円状の構造が発生する．これを放射軸ということも2.4.4で述べた．典型的な放射軸は茎や根の横断面の同心円状構造に明瞭に現れている．放射軸も極性をもち，軸の中心側（向軸側）と外側（背軸側）の区分がある．葉の表（向軸側）と裏（背軸側）の区別も放射軸構造と密接に関連している（図2.10参照）．

　この2つの軸性はすべての維管束植物に共通の基本的な体制である．また，コケ植物にも，この2つの軸の存在が認められる．

5.2.2　WOXによる軸形成
　維管束植物の胚パターン形成過程は，受精卵が不等分裂により頂端細胞と基部細胞に分かれ，胚の対称性が破れるところから始まる．不等分裂は，必ず細胞分化を伴う過程である．一般に細胞分化は細胞内ではたらく転写因子

の組合せの違いとして識別できることを 2.4 で見てきた．したがって，頂端細胞と基部細胞の間では，はたらく転写因子が異なり，それぞれの細胞型に固有の異なる組合せの転写因子群が発現しているはずである．

予想された通り，受精直後のシロイヌナズナ受精卵では，2 つのホメオボックス転写因子，WOX2 と WOX8 が共に発現しているが，最初の不等分裂後には，WOX2 は頂端細胞のみで，WOX8 は基部細胞のみで発現するようになる．また，基部細胞では，WOX8 に加え WOX9 遺伝子が発現するようになる．その結果，8 細胞期には，頂端‐基部軸に沿って，これら 3 遺伝子の発現パターンの違いが明確になる（図 5.5）．WOX 遺伝子群を欠損すると頂端‐基部軸に沿った胚パターンが崩れることから，これらの転写因子群は頂端‐基部軸に沿った胚形成に必須の役割を担うことがわかる．

軸形成の制御に関わるもう 1 つ重要な因子は植物ホルモンであるオーキシンの分布である（オーキシン作用については 6 章参照）．8 細胞期の胚には，オーキシンの輸送体である PIN が基部の胚柄細胞の天井面に局在し，オーキシンを基部細胞の天井面から頂端側の細胞に輸送する．その結果，オーキシンは頂端細胞に蓄積し，両細胞間でオーキシン濃度に差が生じる（図 5.5）．

これらの知見に基づいて，初期胚の軸形成と胚パターン形成に関して次のモデルが考えられている．数種類の WOX 遺伝子の発現パターンが頂端細胞と基部細胞の違いを規定する．その結果，両細胞間で，オーキシンの極性輸送体の発現パターンに違いが生じ，頂端側の細胞にオーキシンが蓄積する．蓄積したオーキシンは，頂端側の細胞で転写因子である ARF を介して，オーキシン応答性の一群の遺伝子の発現を活性化する．それにより細胞分化が誘導され，胚形成が進む．それと同時に，頂端側の細胞でオーキシンが合成されるようになり，胚発生が次の段階へと進む．

同様の過程は，シロイヌナズナだけでなく，単子葉植物のトウモロコシや裸子植物のマツにも見られることから，オーキシンの極性輸送と WOX 転写因子群を介して胚の極性が形成されるしくみは，少なくとも種子植物に普遍的であるといえる．こうしてできた頂端‐基部軸の両端に茎頂分裂組織と根端分裂組織が形成されることになる．

■ 5 章　発生過程

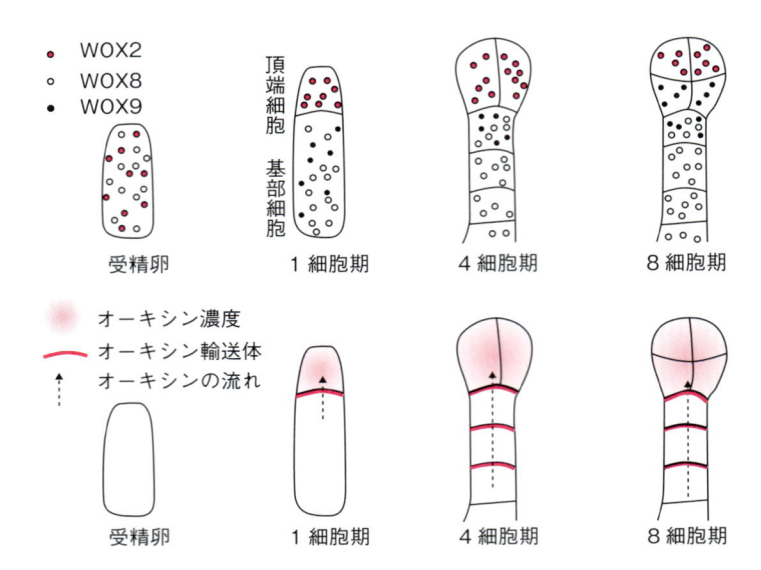

図 5.5　WOX による頂端 - 基部軸形成のモデル
受精卵は細胞極性をもち，不等分裂により頂端細胞と基部細胞に分かれる．両細胞間には，WOX2, 8, 9 の 3 種のホメオボックス転写因子の発現の偏りができ，これが引き金となり，オーキシンが頂端側に蓄積し，茎頂と根端を両極とする基本軸が形成される．（Jenik *et al.*, 2007；Haecker *et al.*, 2004 を改変）

　それでは，1 細胞期の胚で WOX 遺伝子群の発現パターンを制御しているのは何か．不等分裂前の受精卵自体が細胞極性をもつことは，その形態から見て明らかであるので，分裂前の受精卵内で不均等に分布する何らかの因子が，分裂後の WOX 遺伝子の発現特性を決めるシグナルになっている可能性は高い．一方，胚嚢内の受精卵の周囲の環境も不均等であることから，外からのシグナルにより，WOX 遺伝子の発現が制御される可能性も考えられる．これらのシグナルの同定は，初期発生のしくみを理解する上でとくに重要な研究課題である．

5.3　一次分裂組織の形成と維持

　分裂組織は植物固有の組織である．その役目は，未分化で分化多能性をもった細胞集団を維持し，その細胞集団から特定の細胞型（組織）の細胞を分化

させ，器官をつくりだすことである．胚の初期発生で，頂端 - 基部軸の両端に形成される茎頂分裂組織と根端分裂組織を一次分裂組織という．この2つの頂端分裂組織について述べる前に，被子植物の一次分裂組織一般について，その発生制御の基本的なしくみについて述べておこう．

5.3.1 幹細胞ニッチ

一般に未分化で分化多能性をもった細胞を多能性幹細胞，または単に幹細胞ということは2.4で見てきた．植物の分裂組織は，周辺部には分化の方向性が決定された分裂細胞集団が配置され，その内側に幹細胞群が位置する．幹細胞は分裂はするが，分化が抑制されている細胞である．さらに幹細胞群の中心部には，幹細胞を未分化の状態に保つ役割を担う細胞集団がある．茎頂では形成中心，根端では静止中心がそれである．静止中心にレーザー微光束を照射し，不活性化すると，周辺の幹細胞が分化を始めることから，静止中心が幹細胞の維持に必須であることがわかる．形成中心や静止中心のはたらきにより幹細胞が維持されている空間を幹細胞ニッチという．

幹細胞ニッチ内の細胞はいずれも未分化ではあるが，その後の運命は必ずしも同じではなく，その空間配置より将来の細胞系譜（組織）が予測できる．このような理由から，各幹細胞は，予測される将来の組織名を冠して，始原細胞と呼ばれていた(図 5.6)．各始原細胞は，幹細胞ニッチの空間内に留まっているときには分化は抑制されるが，その空間から離れると，予定されている組織（細胞型）へと，分化が進行する．

5.3.2 分裂組織形成の制御

茎頂分裂組織，根端分裂組織，共にその幹細胞ニッチ形成には初期胚内でのオーキシンの不均等分布が重要な役割を担う．一般にオーキシン輸送は，輸送体PINの組織特異的なはたらきにより制御されることを5.2.2で見てきた．PINのはたらきにより，1細胞期の胚ではオーキシン輸送の方向は基部細胞から頂端細胞に向かうが，球状胚期以降になると逆転し，頂端細胞から原根層に向かって輸送されるようになり，胚の頂端側の中央域でオーキシン濃度が低下する．それが引き金となり，茎頂分裂組織の幹細胞ニッチ形成が始まる．一方，原根層細胞周辺の胚の基部側ではオーキシン濃度が高まる．

■ 5 章　発生過程

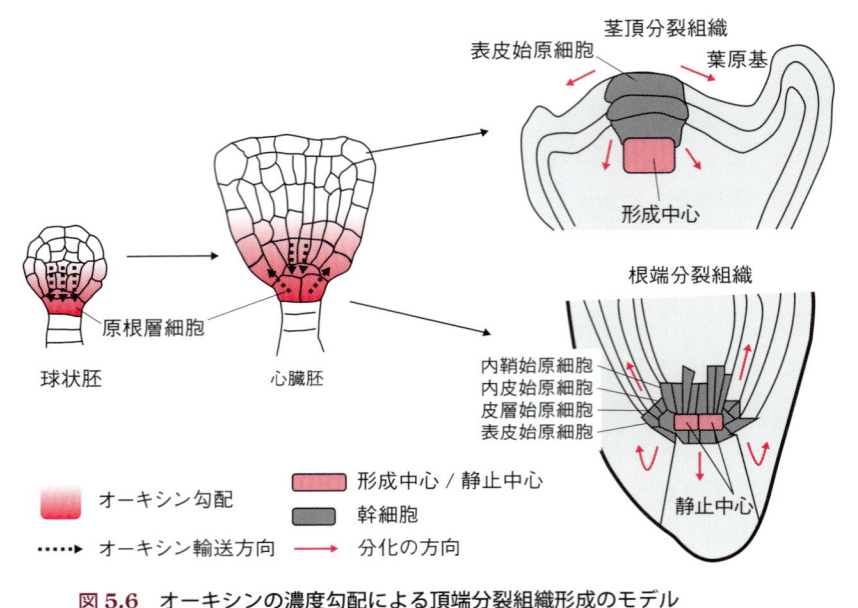

図 5.6　オーキシンの濃度勾配による頂端分裂組織形成のモデル
茎頂分裂組織の形成中心と根端分裂組織の静止中心は，それぞれ，胚発生時に形成されるオーキシンの濃度勾配により誘導される．後胚発生はこの2つの分裂組織由来の始原細胞の分化によって始まる．（相田，2005を改変）

これらがシグナルとなり，将来の根端分裂組織の分化が始まる．

　多細胞体が秩序だった形態形成を進める上で，各細胞が，組織内での自らの位置や向きを感知することが必須であることを2.4で述べた．幹細胞ニッチの形成場所を制御するしくみの中で，細胞の位置情報はとくに重要である．一般に，多細胞体内で濃度勾配をつくり，発生過程に位置情報を与える化学物質をモルフォゲンという．この定義からすれば，オーキシンは，茎頂分裂組織や根端分裂組織の幹細胞ニッチ形成におけるモルフォゲンであるといえる．

5.3.3　形成中心の維持

　シロイヌナズナの茎頂分裂組織の位置の決定には，ホメオボックス転写因子であるSTMと，NAC転写因子であるCUC1とCUC2が制御因子としてはたらく．CUC1/2はSTMの発現を誘導し，STMが茎頂分裂組織の領域を定義しているとされる．一方，茎頂分裂組織の形成と維持にはWUS,

CLV1，CLV3 の 3 つのタンパク質が中心的な役割を担っている．WUS はホメオボックス転写因子，CLV1 はロイシンくり返し配列（LRR）型の受容体型キナーゼ，CLV3 は CLV1 のリガンドで，CLE ペプチドの 1 つである．

WUS は，16 細胞期の胚の二層目（L2 層という）の中央部の細胞で発現し始め，胚形成が進むと，発現部位は三層目（L3 層という）に限定されるようになる（5.5.1 参照）．そのときには，WUS 発現域とその周辺の細胞で，CLV1 が発現し，さらにその外側の L1 層細胞で CLV3 が発現するようになる（図 5.7）．

WUS を欠損した変異体では，CLV3 ペプチドの発現が減少し，茎頂分裂組織が萎縮し，茎は細く，葉や花は小さくなる．逆に CLV1 受容体や CLV3 ペプチドを欠損した変異体では WUS 転写因子の発現域が広がり，茎が帯状に肥大化し，花の直径も大きくなる．これを帯化という．一方，CLV3 の発現を高めた形質転換体では，WUS の発現が低下し，同時に分裂組織が萎縮する．

これらのことから，WUS は，幹細胞ニッチを規定する正の因子であると同時に CLV3 の発現を促進すること，逆に，CLV3 は CLV1 による情報伝達を介して WUS の発現を抑制することがわかる．つまり，WUS と CLV1/

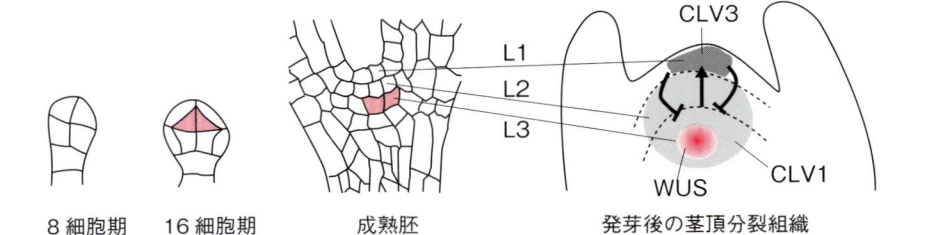

図 5.7　CLV3-CLV1-WUS による茎頂分裂組織の形成・維持
茎頂分裂組織の幹細胞ニッチ形成を促進する正の転写因子 WUS は 16 細胞期に L2 層で発現し，後胚発生期には L3 層で発現する．一方，L1 層で発現する CLV3 は，受容体キナーゼである CLV1 のリガンドとなる分子である．WUS は CLV3 の発現を促進し，CLV3 は CLV1 受容体の作用を介して WUS の発現を抑制する．この負のフィードバックにより，茎頂分裂組織の幹細胞ニッチのサイズが制御されている．（Mayer *et al.*, 1998 を改変）

CLV3 は，互いに負のフィードバックにより，制御し合っている．茎頂分裂組織内の幹細胞ニッチのサイズの調節はこのフィードバックループにより次のように説明できる（図 5.7）．

まず，幹細胞群が増加すると，形成中心で WUS の発現が増して，それが CLV3 の発現を促進する．その結果，L1 層細胞から CLV3 ペプチドの分泌が促進され，形成中心細胞の膜上の CLV1 に受容される．CLV1 が CLV3 リガンドを受容すると，キナーゼのはたらきを介した細胞内の情報伝達により WUS の発現が抑制され，形成中心が縮小し，幹細胞ニッチの領域が狭まり，

コラム 6
外衣 - 内体説

　茎頂分裂組織の機能の解明は，もっぱら 1990 年以降の分子生物学の手法により実証されてきたと言ってよいが，その基となる考え方は，1924 年にシュミットが形態学的視点から提唱した外衣 - 内体説に因るところが大きい．この説は，被子植物の茎頂分裂組織の観察事実を基に提唱されたもので，外衣とは現在，中央帯の L1，L2 層と呼んでいる細胞層を指し（5.5.2 を参照），内体は，その内部の組織を指す．前者はもっぱら垂層分裂を，後者は並層分裂を行うというのが，この説の前提となる形態学的な観察事実である．内体は既存の組織の上に新たな細胞を産み出し体積を増す一方，外衣は表面積を拡大し，新たに作られる内部組織を包含しながら，両過程が統合され，茎葉部全体の伸長が進むとするのがこの説の骨子である．この学説は，その後，さまざまな植物の茎頂での形態学的観察により支持されてきた．1990 年代以降分子遺伝学の手法により，茎頂分裂組織の形成と維持が，CLV3-CLV1-WUS 情報伝達系により制御されていることが明らかとなり，外衣 - 内体説は，その分子レベルでの裏付けを得たことになる．形態学と分子遺伝学の連携プレーによる成果といってよい．

幹細胞数が減少する．そうすると，WUS による CLV3 の発現促進が低下し，CLV1/CLV3 による WUS の発現抑制も低減し，WUS の発現が再び増加に向かう．この周期的な変動をくり返しながら，茎頂分裂組織のサイズは，植物の一生を通して維持されている．

WUS は，CLV3-CLV1-WUS フィードバックループにより茎頂分裂組織の形成中心を規定する唯一の正の転写因子であると考えられている．一方，CLV1 と CLV3 の受容体/リガンド系には類似の複数の分子種が存在する．これらの重複した機能をもつ複数の制御因子の役割分担により制御系の機能の多様性と安定性が生み出されている．

5.3.4 静止中心の形成

将来の根端分裂組織となる原根層周辺（図 5.6）では，PIN のはたらきにより蓄積したオーキシンが ARF と呼ばれる転写因子のはたらきを通して，別の転写因子（PLT）を活性化する．活性化した PLT 転写因子は，PIN の遺伝子発現を制御して，オーキシンの濃度勾配を維持させる．オーキシンは同時に，別の 2 つの転写因子（SHR と SCR）の遺伝子発現を誘導する．これら 2 種類のタイプの転写因子群のはたらきが静止中心の形成に必須である（図 5.8）．

もう 1 つ重要な点は，オーキシンが，根になる領域でサイトカイニンの情報伝達の抑制因子の発現を促進し，サイトカイニン作用を抑制していること

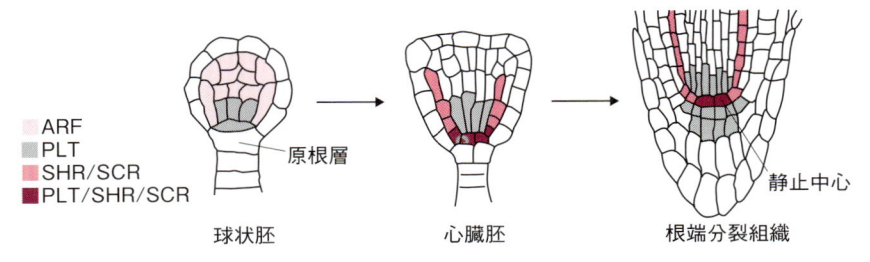

図 5.8　PLT-SHR/SCR による静止中心形成のモデル
球状胚の基部に蓄積したオーキシン（図 5.6 参照）が ARF 転写因子のはたらきで，基部に PLT 転写因子を発現させる．PLT 転写因子は，オーキシンの輸送体である PIN のはたらきを制御して，オーキシンの濃度勾配を維持し，別の転写因子（SHR と SCR）を発現させる．これらの転写因子のはたらきで，静止中心ができる．（Aida *et al.*, 2004）

■ 5章 発生過程

である．サイトカイニンは，カルスから茎葉部を分化させる植物ホルモンであることを 2.4.3 で見てきたが，根端分裂組織を誘導する際にも，サイトカイニンとオーキシンは拮抗的にはたらく．その結果，根になる領域ではサイトカイニン作用がオーキシンにより抑制され，茎葉部の形成が進まず，根端分裂組織ができると理解することができる（サイトカイニンは 8 章参照）．

静止中心は根端分裂組織の中央に位置し，数個の細胞からなる領域である．組織の形態観察では，細胞分裂頻度が著しく低く，分裂活動が静止しているように見えることから，静止中心の名が与えられた（図 5.8）．

静止中心では，WUS と同じホメオボックス転写因子ファミリーに属する WOX5 遺伝子が発現している．WOX5 を欠損すると静止中心が消滅し，逆に WOX5 の発現を高めると周辺細胞の分化が抑えられる．さらに WOX5 は WUS のはたらきを代替することができる．これらのことから，WOX5 は静止中心のはたらきを規定し，それを正に制御する因子で，WUS と同じタン

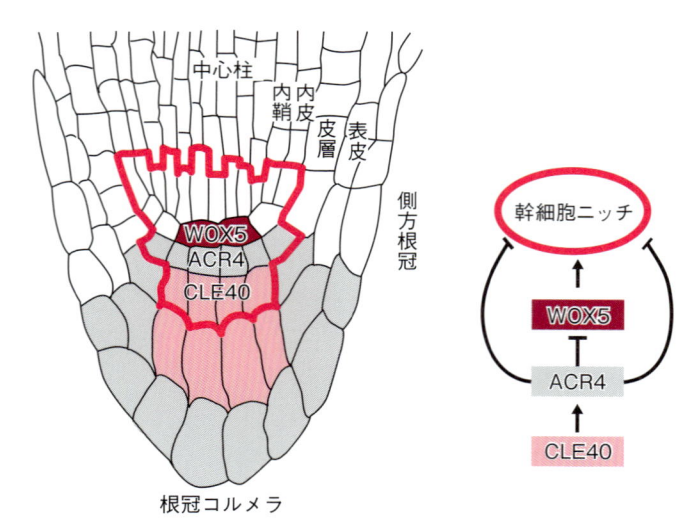

図 5.9　WOX5-CLE40 による根端分裂組織の形成と維持
　一度，静止中心ができると，そこで，WOX5 転写因子が発現し，その根端側で受容体キナーゼ (ACR4) とそのリガンド（CLE40）が発現する．これらの因子の拮抗的なはたらきで，静止中心周辺の幹細胞ニッチが維持され，その幹細胞から，根の各組織が分化していく．(Stahl *et al*., 2009 を改変)

パク質機能をもつことがわかる．静止中心周辺の幹細胞ニッチおよびその周辺細胞ではACR4という受容体型キナーゼと，そのリガンドであるCLEペプチドの一種CLE40が発現し，CLE40はACR4受容体キナーゼを介して，WOX5を制御している（図5.9）．

このように根端分裂組織の形成は，茎頂分裂組織と同様に，静止中心で発現するホメオボックス転写因子と，その周辺で発現するロイシンくり返し配列受容体型キナーゼ，さらにその外側で発現するリガンドであるCLEペプチドの三者により制御されている．

5.4 種子形成と休眠・発芽

有胚植物の胚発生の中で，種子植物が特異な点は，文字通り，胚発生のある段階で種子をつくり，生命活動を一時的に休止することである．種子の使命は，発芽時に必要な貯蔵物質を蓄え，乾燥耐性を獲得して休眠し，親植物から離れて散布体として動物や風の力を借りて受動的に移動して，生育に適した環境条件が整ったときに発芽することである．

5.4.1 種子形成と乾燥耐性獲得

胚発生が親植物の中で進むのが有胚植物の特徴である．したがって，この発生過程は必然的に親植物に依存して進み，それに必要な養分は親植物より供給される．種子植物の胚は，ある発生段階に達すると，親植物由来の養分を胚や胚乳内で貯蔵物質に変え，種子が発芽するときの養分として種子内に蓄えるようになる．貯蔵物質の種類は植物種によりさまざまである．

代表的な貯蔵物質は，グルテリン，プロラミン，アルブミン，グロブリンなどの貯蔵タンパク質，トリアシルグリセロールなどの脂質，デンプンや細胞壁多糖などの多糖類，リン酸を含むフィチン酸などである．貯蔵タンパク質はタンパク質顆粒に，脂質はプラスチド内で合成された後，小胞体膜に包まれた油体に，糖質であるデンプンはプラスチドに，デンプン以外の多糖類は細胞壁の成分として，それぞれ子葉や胚乳に蓄えられる．

イネなどの単子葉植物やカキなどの一部の双子葉植物では，胚乳が発達し，そこに貯蔵物質が蓄えられる．これを有胚乳種子ということは5.1.3で述べ

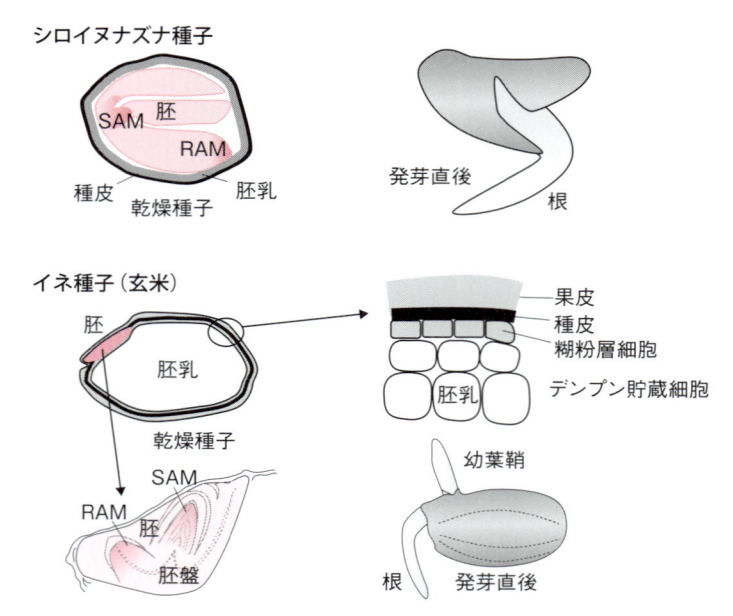

図 5.10　シロイヌナズナとイネの種子
　有胚乳種子であるイネの種子（玄米）は果実である．周囲は果皮に囲まれ，その下に，種皮，糊粉層細胞がある．また，種子の大部分は胚乳で，その種子の一角に胚が存在し，胚と胚乳の間に胚盤が位置する（星川, 1975 を改変）．一方，シロイヌナズナの胚は，退縮した胚乳と珠皮由来の 5 層の細胞層からなる種皮に覆われている（Müller *et al.*, 2006 を改変）．SAM：茎頂分裂組織，RAM：根端分裂組織．

た．イネなどの穀類の主要な貯蔵物質は，デンプン，細胞壁多糖，タンパク質である．一方，シロイヌナズナやダイズなどの双子葉植物では，胚乳は発達せず，胚の周辺に薄い層として残るのみで，貯蔵物質はもっぱら子葉に蓄えられる（図 5.10）．これを無胚乳種子という．アブラナ科の子葉は，その名のとおり脂質を多量に貯蔵している．

　貯蔵物質の蓄積が終わる頃から，種子は，浸透圧調節に関わる適合溶質や，親水性の高いスクロースやラフィノース，トレハロースなどのオリゴ糖，LEA タンパク質という種子特異的タンパク質を原形質内に蓄積し始める．オリゴ糖や LEA タンパク質は，細胞が乾燥する際に，膜やタンパク質の結合水と入れ替わることにより，原形質の損傷を防ぐはたらきをもつ．こ

うして，乾燥耐性を獲得した種子は次第に脱水され，原形質活性を停止し休眠状態に入る．

5.4.2 種子成熟と休眠の制御

種子成熟過程は植物ホルモンであるアブシジン酸（ABA）により制御される（図5.11）．ABAは胚形成期には親植物内で合成され，珠皮を通して種子に輸送されるが，胚が成熟するにつれ，種子内でも合成されるようになり，種子内の濃度は，種子形成から休眠に至る期間を通して高いレベルに維持される．種子形成の過程でのABA合成は，FUS3という植物に固有のB3転写因子などを介して，オーキシンにより制御されるというモデルが提唱されている．また，FUS3転写因子はジベレリン合成を抑制している．

ABAの合成能を欠損した変異体やABAの合成を阻害剤により抑制された植物では，種子形成が正常に進まず，種子が休眠に入ることができず，親植物内で発芽することがある．この現象を胎生発芽または穂発芽という．この

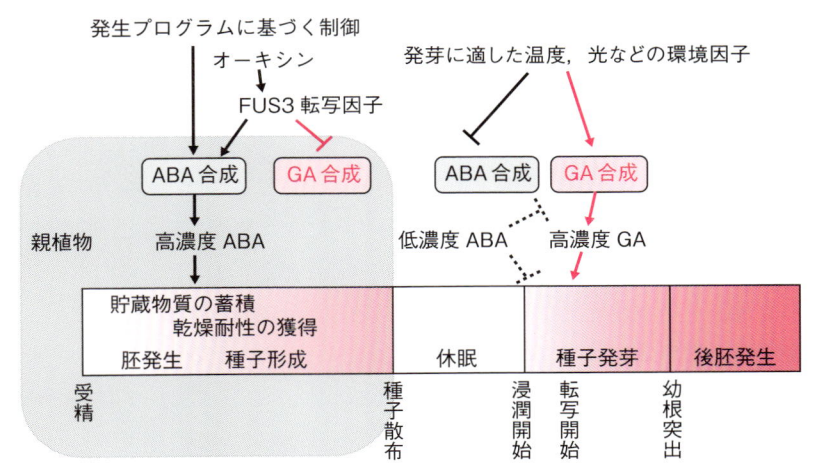

図5.11 種子形成と種子発芽の制御
胚発生に引き続いて進む種子形成と休眠は，アブシジン酸の促進作用と，ジベレリンの抑制作用により拮抗的に制御される．その過程は発生プログラムにより，オーキシンを介して統御されている．一方，休眠打破と種子発芽は，逆にアブシジン酸により抑制され，ジベレリンにより促進される．種子形成がオーキシンを介して，発生プログラムに沿って進むのに対して，休眠打破と発芽は，もっぱら環境因子が信号となり，アブシジン酸やジベレリンの合成制御を通して制御されている．

ことからABAは種子形成を促進すると同時に，種子の発芽を抑制していることがわかる．

被子植物の中には十分に乾燥耐性をもたない種子がある．これらをリカルシトラント種子という．「扱いにくい」種子という意味である．アボカドやマンゴーなどの大型の種子や，コナラやトチノキなどのドングリ類がそれで，いずれも乾燥耐性をもたず，水分を多量に含んだ状態で休眠する．無理に乾燥させると発芽しなくなる．

海岸の汽水域に生育するマングローブ植物であるオヒルギなどは，種子形成が完了すると，休眠せずに親植物体内で胎生発芽したのち，海中に落下し，海底土壌に定着し，そのまま後胚発生を開始する．これらを胎生種子という．この発芽形態は汽水域での環境適応の結果と考えられる．

5.4.3 種子発芽の制御

休眠種子の発芽のタイミングは，環境条件に大きく依存する．受精から種子形成までの過程が発生プログラムに沿って中断することなく一気に進むのとは対照的である．種子が，発芽に適した環境条件を感知して最適な環境条件下で発芽するしくみは，変化の激しい陸上環境下で生存するためには重要な適応戦略である．

成熟種子では珠皮由来の種皮と，子房由来の果皮により胚が外界から遮断されている．種子発芽は，この種皮を通して種子内に水が浸潤することから始まり，幼根が種皮を破り外界（通常は土壌）に接することで完了する．これら一連の過程は遺伝子発現が始まる前と後の2つの過程に分けると理解しやすい．

最初の過程では，浸潤により乾燥していた細胞膜や酵素が水和し，それぞれ，膜機能や酵素機能が回復する．それにより，ミトコンドリアの機能回復と活性化やDNA損傷の修復がまず進む．その結果，呼吸が再開し，既存のmRNAとリボソーム，酵素によるタンパク質合成が始まる．この過程は，一過的である．

一過的な代謝活性の上昇に続いて，新たな遺伝子発現を伴う第二の過程が始まる．この過程は外界の温度と光に大きく影響される．これらの環境要因は，最終的には，発芽を抑制するABAと，発芽を促進するジベレリンの2

つの植物ホルモンの拮抗的な相互作用を介して統御される.

シロイヌナズナやトマト，レタスなど，多くの種子では，吸水時の温度が高いと ABA 合成が促進され，その結果，発芽が抑制される．これを高温休眠という．一方，吸水後の種子に赤色光が当たるとフィトクロムを介して，ジベレリン合成が促進され，同時に ABA の合成が抑制され，発芽が促進されることが多くの植物で見られる．これを光発芽という.

ABA は発芽を抑制するだけでなく，ジベレリン合成過程と，ジベレリンの信号伝達の双方を抑制するはたらきをもつので，ABA レベルが低下すると，ジベレリンによる発芽促進作用が一気に高まり，種子内の遺伝子発現や代謝パターンが休眠モードから発芽モードに切り替わる.

5.5　後胚発生

種子発芽を終えたばかりの幼植物は，茎頂と根端の2つの分裂組織と養分貯蔵組織だけからなる．将来の植物体が備える器官は，この時点ではその原基さえ分化していない．したがって，種子植物の器官は，発芽後に2つの分裂組織からまったく新たにつくられることになる．この過程を後胚発生という．後胚発生の代表例として，茎頂分裂組織由来の茎と葉，維管束の形成と，根端分裂組織由来の主根と側根の発生のしくみをみていくことにする.

5.5.1　茎頂分裂組織

茎頂分裂組織（SAM）はドーム状の構造で，その表面は数層の明確な細胞層で覆われる（図 5.12）．それぞれの細胞層を，表層から順に L1，L2，L3 層と呼び L3 層の直下には WUS が発現する形成中心が位置し，その周辺が幹細胞ニッチであることは 5.3 で見てきた（図 5.7 参照）．幹細胞ニッチは分裂活性の低い細胞の集まりである．この領域を中央帯という．中央帯の直下には分裂活性の高い領域が広がる．これを髄状分裂領域という．中央帯と髄状分裂組織の周囲を取り巻くドーナツ状の領域も分裂活性が高く，細胞分化が進行中の細胞群からなる．この領域を周辺帯という.

SAM での細胞分裂は，L1 層面を基準にした分裂面の方向に基づいて2種類に区分される．L1 層面に垂直な細胞分裂面ができる場合を垂層分裂，平

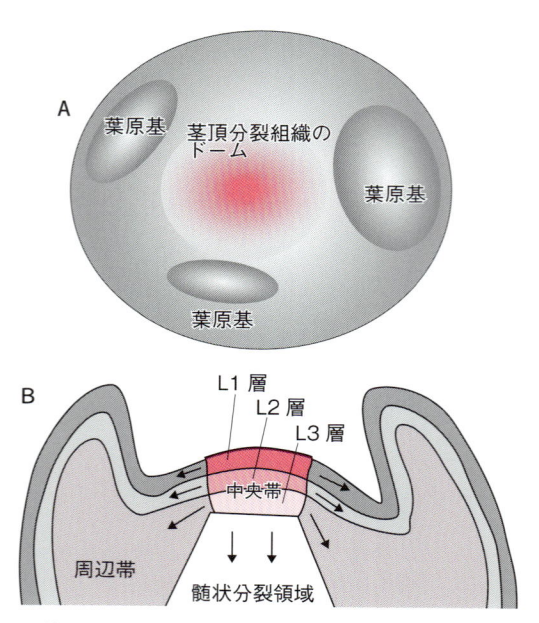

図5.12 茎頂分裂組織ドームの構造

茎頂分裂組織の表面を上から見た模式図（A）と，縦断面の模式図（B）．幹細胞ニッチは中央帯に位置する．中央帯で分裂によって増えた細胞が矢印に沿って周辺域や髄状分裂領域に押し出され，それぞれ，葉原基や茎が作られる．（Evert, 2006 を改変）

行な場合を並層分裂という．周辺帯の細胞はもっぱら垂層分裂により増殖し，娘細胞をより周辺部へ押しやり，表層面を広げ隆起させる．葉原基はこの隆起部分からできる．また，L1層は茎の表層組織にもなる．それに対して，髄状分裂領域の細胞群はもっぱら並層分裂により分裂し，維管束などの内部組織をつくり，茎頂を押し上げながら頂端-基部軸に沿って茎を伸ばす．

5.5.2 葉序制御モデル

葉の付き方を葉序という．葉序は，茎の1節に1枚の葉がつく互生葉序，2枚の葉がつく対生葉序，3枚以上の葉がつく輪生葉序などの数種のパターンに分類される．葉原基はSAMの周辺帯の隆起によって形成されるので，周辺帯のどの位置に葉原基がつくられるかにより葉序のパターンが決まる（図5.13）．

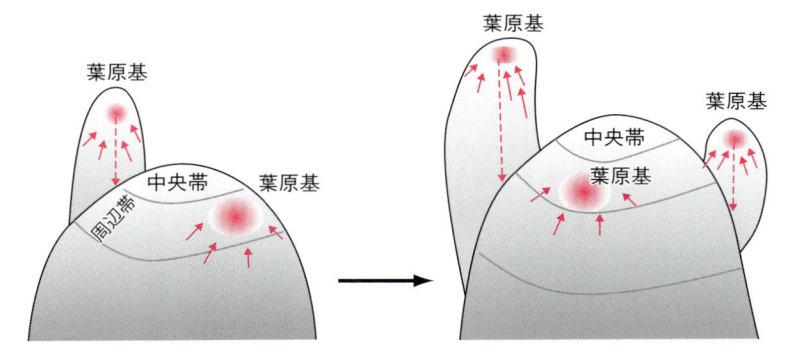

図 5.13　オーキシンによる葉序制御モデル
葉原基の形成は，茎頂分裂組織の周辺帯のL1層のオーキシン濃度の高い領域で始まる．いったん葉原基の分化が始まると，葉原基周辺のオーキシンの輸送方向が大きく変わり，オーキシン濃度が減少する．その結果，次の葉原基分化は一定の距離を置いた場所で始まる．この規則性により葉の付き方，すなわち葉序が決まるとするモデルが提唱されている．矢印はL1層表面のオーキシンの流れ，点線矢印はL1層から髄状分裂組織の内部に向かうオーキシンの流れ．(Smith *et al.*, 2006 を改変)

茎頂に局所的にオーキシンを投与する実験や，分裂組織内でのオーキシン輸送の方向の解析から，葉原基形成の位置の制御にオーキシンが中心的役割を担うことがわかってきた．オーキシンが葉原基を誘導するしくみについて，現在，次のようなモデルが提唱されている（図 5.13）．

分裂組織のL1層の各細胞にはオーキシン輸送体である複数種のPINが発現し，そのはたらきで，オーキシンは，L1層の中を，基部側から頂端側に向かって一定方向に輸送され，特定の細胞でオーキシン濃度が極大となり，その細胞を中心にオーキシンの作用により葉原基分化が始まる．

葉原基の分化が決定した細胞内ではオーキシンの作用によりPINの発現と局在が変化し，葉原基予定域で，L1層から髄状分裂域へ向かうオーキシンの流れができる．オーキシンは維管束の分化も誘導するので，オーキシンの流れに沿って茎と葉をつなぐ維管束（葉脈）が分化する（図 5.14）．

一方，L1層を流れていたオーキシンが，髄状分裂組織内に流れ込むようになると，その影響で葉原基の形成部位周辺のL1層では，オーキシンの流れが途絶え，濃度が低下する．その結果，葉原基の形成部位の近くにはオー

■ 5 章　発生過程

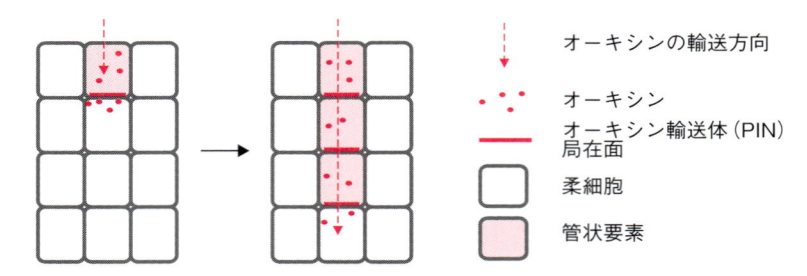

図 5.14　維管束形成のオーキシン運河モデル
組織内をオーキシンが極性をもって移動し，ある細胞に達すると，その細胞内でオーキシンの極性輸送体 (PIN) の遺伝子が発現し，そのはたらきで，オーキシンの極性輸送がさらに高まる．それと同時に，オーキシンが柔細胞を管状要素に分化させ維管束ができる．これはあたかも，運河を掘り進みながら，運河に水を通して，船で掘削現場に資材を運ぶ過程に似ていることから，これを運河モデルという．(Sachs, 1969；Sauer *et al.*, 2006 に基づいて作図)

キシン濃度の極大点が形成されなくなる．もし，葉原基形成の位置と，その周辺のオーキシンの濃度分布に規則性があると仮定すれば，1 つ目の葉原基形成位置が 2 つ目の葉原基形成位置に影響を与えることになり，葉原基間の位置関係に規則性が生まれ，それが葉の付く位置の規則性として現れる．組織間のこのような相互作用を一般に側方抑制という．オーキシンの極性輸送が葉序のパターンを決めるしくみは，この側方抑制で説明することができる (図 5.13)．

5.5.3　維管束幹細胞ニッチ

　維管束は木部と師部からなる複合組織で，初期胚や頂端分裂組織では，維管束の幹細胞である前形成層から分化する．これを一次維管束という．一次維管束が分化した後も維管束内には木部と師部の間に前形成層が残り，維管束の幹細胞ニッチを形成する．前形成層から木部と師部が分化するしくみは，維管束植物の形態形成の根幹となる部分である．そのしくみはなお不明な部分が多いが，最近になり，幹細胞ニッチの維持に，師部由来のシグナルが関与することが明らかとなり，解明の糸口が得られつつある．このシグナルは師部細胞から分泌され，木部管状要素の分化を抑制する機能をもつことから管状要素分化阻害因子 (TDIF) と名づけられた．

　TDIF は CLV3 と同じ遺伝子ファミリーにコードされる CLE ペプチドの 1

つで，師部細胞から分泌され，周辺の維管束幹細胞ニッチ内の前形成層細胞のロイシンくり返し配列受容体型キナーゼ（PXY/TDR）に受容され，幹細胞が維管束に分化するはたらきを抑制し，同時に，形成層細胞の増殖を促進する．このとき，PXY/TDRで受容されたシグナルは，ホメオボックス転写因子の1つであるWOX4のはたらきを介して形成層細胞の分裂を正に制御することが明らかにされている．すなわち，維管束の分化も，分化した細胞と隣接する未分化の幹細胞との間で非自律的に制御されていることになる．

TDIF-PXY/TDR-WOX4による維管束幹細胞の制御系は，ホメオボックス転写因子と，ロイシンくり返し配列受容体型キナーゼ，さらにCLEペプチドをリガンドとする非自律的な制御系である点で，茎頂分裂組織の制御におけるCLV3-CLV1-WUS系や根端分裂組織の制御におけるCLE40-ACR4-WOX5系の制御様式によく似たしくみである．

裸子植物と双子葉植物では木部と師部の間に形成層が分化し，その両側に新しい二次木部と二次師部からなる二次維管束ができ，この組織により茎が肥大成長する．それに対して，イネやヤシなどの単子葉植物と，シダ植物には形成層がなく，二次維管束は分化せず，二次肥大成長は起こらない．ヤシなどでは，茎が太くなるが，それは一次維管束が著しく肥大するためである．植物間の維管束形成のしくみの違いは，発生過程での維管束幹細胞ニッチの維持の仕方の違いとして理解できる．

5.5.4 維管束形成の運河モデル

一次維管束の分化の促進には，植物ホルモンであるオーキシンが中心的な役割を担っている．オーキシンの極性輸送は数種類のPINタンパク質群の協調的なはたらきにより精緻に制御されていることは何度も述べてきた．前形成層や成熟した維管束の細胞では，ある種のPINが細胞の特定の面に局在し，そのはたらきで決められた細胞列に沿ってオーキシンが輸送される．維管束内のオーキシンの極性輸送は器官ごとに異なり，葉と茎では先端から基部へ求基的に，根では基部から先端に向かって求頂的に輸送される．また，PINタンパク質の発現自体が，オーキシンにより促進されるため，維管束の細胞列内に一度，オーキシンの輸送通路ができると，PINによるオーキシン

輸送とオーキシンによる PIN 発現が正のフィードバックにより互いに促進し合い，オーキシンは途絶えることなく維管束内の通路を流れ続ける（図5.14）．

さらに，維管束の最先端部位まで輸送されたオーキシンは，維管束形成そのものを誘導し伸長させる．このしくみは，建設中の運河（維管束）に水を通して，船で掘削現場に物資を運びながら，運河を掘り進む過程に似ているので，オーキシンの運河モデルと呼ばれる．

植物の茎に傷を付け，維管束を切断すると，茎頂から輸送されるオーキシンが切り口の上部に蓄積し，そのオーキシン作用により，傷口を迂回してバイパスをつくるように，新たな維管束が形成される．この癒傷過程も，オーキシン運河モデルでうまく説明できる．これ以外に，葉の葉脈の幾何学的パターンも，運河モデルをもとにした数理モデルで説明可能である．

5.5.5 管状要素の分化

一次維管束内にできる木部を一次木部という．一次木部は木部柔細胞と管状要素からなり，発生過程により2つのタイプに分かれる．1つは茎や根の組織が伸長途中に前形成層から最初に分化するもので原生木部と呼ばれる．もう1つは，組織の成長が止まった後に分化するもので後生木部という．いずれの場合も，管状要素は一列に連なり，二次壁を肥厚させた後，プログラム細胞死により原形質を自ら分解し，中空のパイプ状の構造となり，上下の細胞とつながり，道管や仮道管になる（3.3.3 参照）．

ヒャクニチソウの葉肉細胞をオーキシンとサイトカイニンを含む培地で培養すると，非常に高い効率で葉肉細胞が単細胞のままで管状要素に分化することが1980年にわが国で見出された．この実験系を用いた研究により，オーキシン，サイトカイニンに加え，ブラシノステロイドが維管束分化の制御に重要な役割を担うこと，とくにブラシノステロイドは管状要素の二次壁構築やそれに続くプログラム細胞死を制御していることがわかってきた．

シロイヌナズナを用いた研究から，管状要素の分化には，VND6 と VND7 という2つの転写因子がそれぞれ後生木部と原生木部の分化を特異的に制御していること，NST1 と NST3/SND1 という別の転写因子が維管束の繊維細

胞の分化を制御していること，なども解明された．これらの転写因子はいずれも NAC ファミリーという植物に固有の転写因子ファミリーに属し，細胞型の制御と同時に，二次壁の構築に必要な細胞壁関連遺伝子群の転写制御のマスター遺伝子としても重要な役割を担っている．

5.5.6　主根の細胞列の分化

維管束植物が進化の過程で，根を獲得したのは 4 〜 4.5 億年前で，それまでは，根端分裂組織をもたなかったと推定されている．根と茎の分裂組織が，似かよった分子群により制御されていることから考えて，CLV3-CLV1-WUS と CLE40-ACR4-WOX5 に関わる遺伝子は同じ祖先遺伝子から，遺伝子重複により複製されたのち，機能が分化して，前者は茎の，後者は根の，それぞれの頂端分裂組織形成を制御するように進化したと推定できる（図 5.7 と図 5.9 参照）．

静止中心の周辺に位置する幹細胞群は，自身は分化しないが，幹細胞から分裂により生まれる娘細胞の分化の方向性は予測できることを 5.3.1 で見てきた．これらの，幹細胞には，それぞれの将来の組織の名を冠した始原細胞の名称がつけられ，根冠コルメラ始原細胞，根冠表皮始原細胞，皮層・内皮始原細胞，中心柱始原細胞などと呼ばれることも 5.3.1 で述べた．

こうしてできる根の各組織は各始原細胞群より分化し，放射軸に沿って，整然と同心円状に配置される．始原細胞は増殖し幹細胞ニッチから外れると，並層分裂と垂層分裂（5.5.1 参照）を使いわけながら放射軸と頂端 - 基部軸双方に沿って組織形成を行う．たとえば，皮層・内皮始原細胞は，まず並層分裂により内側に内皮細胞と外側に皮層細胞を分化させたのち垂層分裂によりそれぞれの細胞列をつくる（図 5.9 参照）．

その結果，各組織の細胞列には頂端 - 基部軸に沿って，細胞分化の勾配ができる．また，細胞分化の段階は細胞形態にも現れるため，その勾配は顕微鏡下で識別できる．分化段階を基にして，根は，根冠，分裂領域，伸長領域，成熟領域，さらに分化の終了した領域に区分される．伸長領域では，分化の方向が決定した細胞が頂端 - 基部軸に沿って伸長し，その結果，根が伸びる．成熟領域では，前形成層から維管束が分化し，表皮から根毛が分化す

る．根冠から成熟領域までの分化途上にある4領域はシロイヌナズナでは先端1mm以内に収まり，成植物体の根の大部分は主根の分化過程が終了した領域である．

5.5.7 側根原基の形成制御

根の側生器官である側根は，根端分裂組織から直接できるのではなく，いったん分化が完了した主根の内鞘組織から分化する（図5.15）．将来の側根原基となる領域で，内鞘細胞が垂層分裂により増殖し，次いで並層分裂により根の分裂組織を再分化させ，主根の皮層や表皮の細胞壁を押し上げながら分解し，主根から突出して，成長を始める．茎の側生器官である葉が茎頂分裂組織の周辺帯から直接分化するのとは対照的である．

オーキシンが側根原基を誘導することは古くより知られていた．最近になり，側根を生じないシロイヌナズナ変異体の解析から，側根形成に不可欠なオーキシンのシグナル伝達因子が解明された．AUX/IAAタンパク質という制御因子とARFという転写因子である（6章参照）．さらに，このARF転写

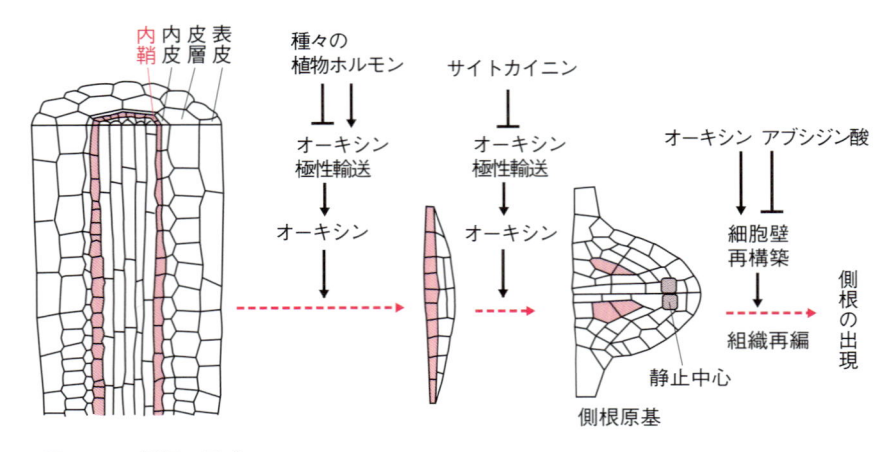

図5.15　側根の形成
主根は茎頂分裂組織の幹細胞ニッチ内の始原細胞から作られるのに対して，側根は根の基部側のある程度分化の進んだ内鞘組織から作られる．側根分化は幾段階かに分かれるが，いずれの段階でも，オーキシンが分化を進める直接のシグナルとしてはたらき，そのはたらきは，サイトカイニンをはじめとする他の植物ホルモンにより抑制的に制御される．（Fukaki *et al.*, 2009；Péret, 2009に基づいて作図）

因子により制御を受けるLBDという転写因子が側根形成に必須であることも実証された．これらの知見から，側根原基の分化は，内鞘細胞でのオーキシンの局部的な濃度分布が引き金となり，オーキシンのはたらきで誘導されるLBD転写因子ファミリーにより制御されるモデルが考えられている．LBD転写因子は核の中に存在し，側根形成に必要な一群の遺伝子の転写を活性化するはたらきを担うと考えられている．

　根の側根形成時には，一度分化した内鞘細胞が脱分化し，側根原基のための始原細胞に戻る過程と，その周辺組織が再編される過程が同時に進行する．イネの側根原基では，オーキシンが側根原基からエンド-1,4-β-グルカナーゼの分泌を誘導し，それが細胞壁の分解などを通した周辺組織の再編に関与している．

5.6　栄養成長と生殖成長の切り替え

　種子植物の後胚発生は，種子発芽に始まり，まず養分吸収や光合成を行うための栄養器官である根と茎，葉の形成を始める．これを栄養成長という．栄養成長期には茎頂分裂組織は葉原基のみをつくるが，ある時期を境に，花芽原基をつくるようになる．この成長様式の変化を花成という．また花成以降の後胚発生を生殖成長という．花成は，単に茎頂内だけの変化ではなく，植物の全器官が関与する成長相の転換である．栄養成長の開始点である種子発芽と，栄養成長から生殖成長への成長相の切り替え点である花成は，ともに，植物の環境順応性を発揮する上でとくに重要な過程である．この2つの過程が，ともに光と温度により制御されることは偶然ではない．おそらく，両環境要因が，栄養成長と生殖成長のいずれの場合にも，植物の生存にとって，最も重要なパラメータであることを示していると理解してよいであろう．

5.6.1　CO-FT経路による制御

　真核生物では，コアとなるタンパク質の細胞内濃度そのものが振動子（振り子）となる体内時計を備え，環境からの刺激と無関係に常に一定周期で時を刻むことが多い．このしくみを体内時計とよび，その周期がおよそ24時間であることから，概日リズムという．植物細胞においても，非常に多数の

遺伝子の発現レベルが，概日リズムにより振動している．

一方，植物は赤色光受容体であるフィトクロームと，青色光受容体であるクリプトクロームにより外界の光条件（明暗）を感受し，夜か昼かを区別している．光受容体から得られる明期/暗期に関するシグナルと，体内時計の時刻を照らしあわせることにより，植物は，その時々の時刻を知ることができるだけでなく，光周期（日長）を正確に測ることもできる．赤道以外の地域では光周期は季節によって変わるので，植物は年間カレンダーをもっていることになる．

このしくみで植物は光周期を基準にして花成の時期を決めている．日長が一定の時間より長くなると花成が誘導される植物を長日植物という．シロイヌナズナはその代表である．逆に，イネのように日長が短くなると花成が誘導される植物を短日植物という（図 5.16）．

花成の時期が遅れるシロイヌナズナの変異体を用いた研究より，光周期による花成制御には，B-box を含む転写調節因子 CO と，長距離を移動するタンパク質 FT が中心的な役割を担うことが 2005 年に明らかになった．CO は長日条件になると葉の維管束で FT の発現を促進する．葉で合成された FT タンパク質は師管を通り，茎頂分裂組織に至り，bZIP 転写調節因子である FD タンパク質と複合体を形成し，花芽の形態形成に関わる転写因子の発現を誘導し，花芽分化を促進する．こうして花成が誘導される．

一方，短日植物のイネでは，シロイヌナズナの CO と FT に対応するそれぞれのオーソログとして，Hd1 と Hd3a が存在する．短日条件下では Hd1 転写因子がイネの葉の維管束で *Hd3a* 遺伝子の発現を誘導し，合成された Hd3a タンパク質は維管束を経て茎頂分裂組織に移動し，花成を誘導する．一方，長日条件では Hd1 は *Hd3a* 遺伝子の発現を抑制する．つまり，長日植物と短日植物は類似の情報処理のシステムを用いながら，光周期の信号を使い分けていることになる．

FT は発現の特性や，植物体内の移動の様式，接ぎ木を通して伝達される性質，花成を制御するはたらきが，いずれも，永年にわたって植物生理学者が探し求めてきたフロリゲンの要件をすべて満たしている．FT タンパク質

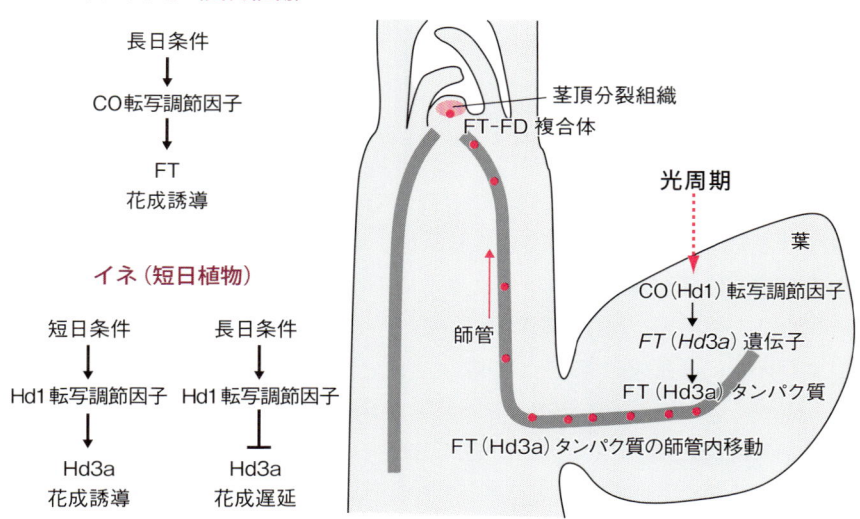

5.6 栄養成長と生殖成長の切り替え

図5.16 CO-FT による花成制御のしくみ
葉で光周性（日長）を感受すると，CO（Hd1）転写調節因子が *FT*（*Hd3a*）遺伝子の発現を誘導する．葉で合成された FT（Hd3a）タンパク質は師管を通って茎頂分裂組織に移動し，茎頂で花成を誘導する．CO（Hd1）が FT（Hd3a）の発現を誘導するのに必要な光周性の違いにより，長日植物と短日植物の違いが生まれる．シロイヌナズナでは，茎頂に達した FT は茎頂に存在する bZIP 型タンパク質 FD と結合して花成を誘導する．（Hayama *et al.*, 2003；Abe *et al.*, 2005；Corbesier *et al.*, 2007；Tamaki *et al.*, 2007 を参考に作図）

は，分子量約2万の水溶性タンパク質で，フォスファチジルエタノールアミン結合タンパク質（PEBP）というファミリーに属す．陸上植物ではPEBPファミリーは10前後のメンバーからなり，その中には，FTと拮抗的なはたらきをもつTFL1というタンパク質がふくまれることから，このファミリーの他のメンバーについても花成制御における役割が気になるところであるが，現時点では花成制御との関係が明確な他のメンバーは報告されていない．

5.6.2 花成制御の統御遺伝子群

光周期/CO/FT 経路を介したフロリゲンによる制御以外にも，花成の制御に関わるしくみがある．すなわち，花成は複数の制御系により制御されて

いることになる．以下，それぞれのしくみについてまとめておく（図 5.17）．

芽生えで冬を越して春に花を咲かせる植物にとっては，冬の時期に低温を経験することが，それに続く長日条件下での花成誘導を可能にすることが多い．この性質を利用して人為的に花成を促進するために植物を一定期間，低温環境に置くことを春化（バーナリゼーション）という．FLC という MADS box 転写因子を欠損した変異体では早咲きとなることから，この因子が花成を負に制御していることがわかる．低温環境下では FLC の発現が抑制され，その結果，FLC による花成抑制作用が解除され花成が進むことになる．

植物の中には花成誘導が光周期にほとんど影響されないものもある．トマトやトウモロコシがその例で，これらを中性植物という．中性植物は栄養成長がある段階に達したときに花成が誘導される．これを自律的制御という．シロイヌナズナでの制御の実体は，発生段階に依存した複数種の遺伝子群のはたらきである．これらの遺伝子群は，個体の栄養成長がある段階に達したときに，FLC による抑制を解除することにより花成を進行させる．

未成熟期（若齢期）のシロイヌナズナでは，ゲノム上の *FT* 遺伝子がメチル化され，その結果，*FT* 遺伝子の転写が抑制され，花成が抑制されている（コラム 3 参照）．

また，茎伸長を促進する植物ホルモンであるジベレリンは，FT とは異な

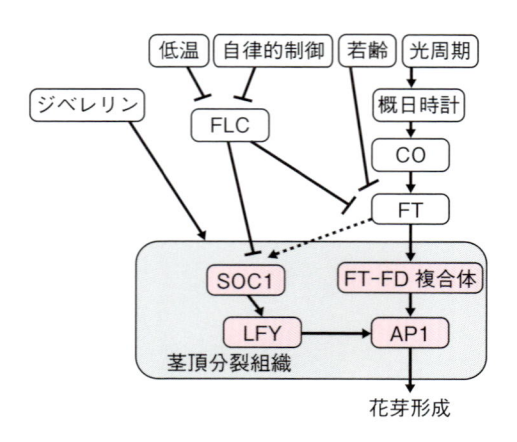

図 5.17 複数のシグナルによる花成制御の統御モデル
花成誘導は光周期により発現が制御される FT のシグナルだけでなく，環境要因や内的因子により，SOC1，LFY，AP1 などの転写因子のはたらきを介して統御される．これらの転写因子はいずれも茎頂のメリステムで発現し，花成統御遺伝子と呼ばれる．（Yamaguchi *et al.*, 2005；2009；荒木, 2010 を参考に作図）

コラム 7
フロリゲンの発見

　1918 年にバージニア州アーリントンのアメリカ農務省の試験場で，ガーナーとアラードは鉢に植えたダイズとタバコを毎日，朝と夕方に移動させながら日長時間を変える実験を開始し，1920 年に開花時期が光周期（日長）に依存することを見いだした．この研究成果はそれ自体重要な発見であったが，さらに 2 つの大きな波及効果を生んだ．1 つは，植物の光受容体であるフィトクロムの発見で，もう 1 つが花成ホルモンであるフロリゲンの発見である．

　植物が光周期を葉で感受し，その信号が茎を経て，茎頂に達して，花成を制御しているという考えは 1932 年ごろから，アメリカのノット，ロシアのチャイラヒアン，ドイツのメルヒャース，オランダのクイパーらにより提唱され，その仮説上のシグナルをチャイラヒアンはフロリゲンと命名した．それ以来，フロリゲン活性をもつ生理活性物質の探索が，オナモミや，アサガオ，ウキクサなどの植物を用いて，さまざまな方法で精力的に進められてきた．生化学的な研究は困難を極め，単離の難しさから「幻のフロリゲン」とまで言われた．

　2005 年になって，シロイヌナズナの花成が遅れる変異体の原因遺伝子 *FT* が葉で発現したのち，その遺伝子の産物が何らかの形で茎頂に移動して FD タンパク質と結合して花成を誘導することが荒木らのグループにより実証されたことにより，フロリゲンの研究は急展開した．2007 年にはシロイヌナズナの FT タンパク質と，イネの Hd3a タンパク質が，葉でつくられ，師部を経て茎頂に移動し，花成を誘導することが，それぞれドイツと日本のグループにより実証され，このタンパク質がフロリゲンの正体であることがはっきりした．さらに，このタンパク質をジャガイモで発現させると塊茎形成因子としての機能を示すことも明らかになった．フロリゲンの発見は，花成のしくみの解明に留まらず，植物体内情報伝達の新しい研究領域を開きつつある．ガーナーとアラードの波及効果はなお続くことになる．

る経路で茎（花序）の形成を促進する内的要因の1つである．

CO-FT経路や，FLC経路，ジベレリン経路を介した花成制御に関わるシグナルは，もう1つのMADS box転写因子であるSOC1と花器官形成に必須の転写因子であるLFY，AP1のはたらきを介して互いに交信し合い，これらの要因（光周期，低温，自律因子，若齢，ジベレリンなど）の情報が統合され，最終的にはAP1のはたらきを通して，花成誘導のスイッチが押されることになる．これら*FT*，*SOC1*，*LFY*は花成制御の統御遺伝子群と呼ばれる．

5.6.3 花序分裂組織

花成と花器官形成とは次元の異なる概念である．前者は栄養成長から生殖成長への成長相の転換であり，それ自体は形態変化を伴わない．一方，花器官の形成は文字通り，形態形成過程であり，花成とは別の制御因子群により制御される．

生殖成長に切り替わった後の茎頂分裂組織を花序分裂組織と呼ぶ（図5.18）．花序分裂組織は，その中央・先端に花器官の幹細胞ニッチを維持し，茎を成長させながら，ドームの周辺帯に花芽分裂組織を分化させる．花序分裂組織は将来の分化の方向が未決定の分裂組織であるのに対して，花芽分裂組織は花への分化が決定された花芽原基で，いずれ幹細胞ニッチを失い，花

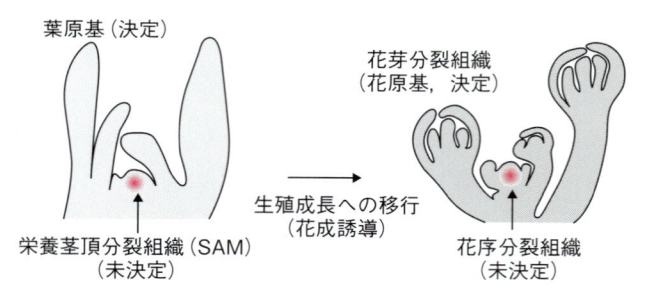

図5.18　花序分裂組織と花芽分裂組織
栄養成長から生殖成長へ切り替わる過程では，それまでの栄養茎頂分裂組織が，花序分裂組織に変わる．花序分裂組織は未決定の分裂組織で，幹細胞ニッチを維持しつづける．それに対して，花芽分裂組織は，運命が決定づけられた組織で，花以外の器官には分化しない．

器官に分化する.

　茎の上の花の付き方を花序という．花序は，花序分裂組織から花芽分裂組織ができる様式により決まる．これは葉序が葉原基の付き方により決まるのと同様である．花序分裂組織が長期間にわたり幹細胞ニッチを維持しながら，茎を成長させ，より頂端側に新しい花芽分裂組織をつくりつづけると，一本の茎に多数の花が付く．これを無限花序という．シロイヌナズナやフジなどがこれに属す．それに対して，頂端の花序分裂組織の幹細胞ニッチが維持されず，花芽分裂組織に分化すると，花序はそれ以上頂端側に伸びず1つまたは一定数の花をつけた段階で，花の形態形成は完了する．これを有限花序という．1つの花をつけて発生を終える花序をとくに，単頂花序という．カタクリやチューリップ，スイセンなどがこれに当たる．

5.6.4　花序分裂組織の制御

　花器官形成のしくみは1990年代にホメオティック変異体の研究により解き明かされた．ホメオティック変異とは，本来生じない場所に，他の器官が生じる変異のことである．

　キンギョソウの *floricaula* 変異体とシロイヌナズナの *leafy* 変異体は，共に，本来，花芽ができるところに葉芽ができるホメオティック変異体である．それぞれの変異の原因遺伝子は *FLO* と *LFY* で，両者は互いに相同遺伝子の関係にあることから，これらの遺伝子は *FLO/LFY* と総称される．*LFY* は5.6.2で述べた花成統御遺伝子の1つで，転写因子をコードする．*FLO/LFY* を過剰に発現した形質転換体では花芽分化が促進される．

　一方，シロイヌナズナには，発生段階の早い段階で花をつける *tfl* という変異体がある．その原因遺伝子である　*TFL1* は *FT* と同じPEBPファミリーに属し，花序分裂組織の細胞間を移行できるタンパク質をコードしている．

　これらの事実から，TFL1は花序分裂組織の幹細胞ニッチを維持し，花芽形成を抑制するはたらきをもつこと，FLO/LFY転写因子は逆に，花芽分裂組織の分化を促進するはたらきをもつことがわかる．花序分裂組織の幹細胞ニッチの維持と花芽分裂組織の分化は，両因子の拮抗作用のバランスにより制御されているといえる．

5.6.5 花器官形成の ABC モデル

　花芽分裂組織は最終的に，がく，花弁，雄しべ，雌しべに分化し，花器官が完成する．花の形は植物種により千差万別ではあるが，4つの構造からなる点は，被子植物に共通である．花の構造は，典型的な放射軸をもち，茎の構造と同様に，各部分は，原則として同心円上に配置される（図 5.19）．この同心円上の領域を環域ということにしよう．

　花の4つの環域の形成には，FLO/LFY 以外に少なくとも3種類の転写因子が必須である．キンギョソウとシロイヌナズナには花の4つの環域構造について，3クラスのホメオティック変異体が単離された．1つは，本来なら，がくと花弁ができる所に，それぞれ雌しべと雄しべができる変異体（A クラス）．2つ目は，花弁と雄しべができる所に，それぞれがくと雌しべができる変異体（B クラス）．3つ目は雄しべと雌しべができる場所に，それぞれ花弁とがくができるタイプ（C クラス）で，A クラスと逆の変異である．

　重要な点は，3つのタイプの変異の原因遺伝子はそれぞれ，キンギョソウとシロイヌナズナで相同な転写因子をコードし，被子植物界で機能が保存されていることである．このような経緯から，これら3つの原因遺伝子はそれぞれ，花器官形成の A, B, C 遺伝子と総称される．A 遺伝子の1つである AP2 を除くすべての ABC 遺伝子は MADS box 転写因子をコードしている．

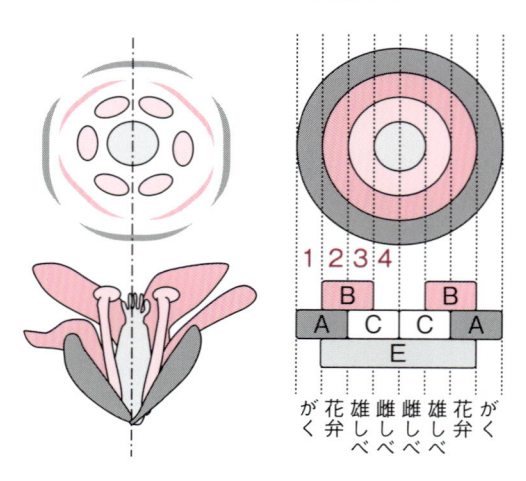

図 5.19　花器官の模式図と ABCE モデル
放射軸に沿った花器官は同心円状の4つの環域という発生の場からなり，外から，がく，花弁，雄しべ，雌しべを生じる．それぞれの発生の場は，A, B, C, E の4つのグループに属する転写因子の組合せにより定義されている．

この点で，植物の花器官形成は動物のホメオボックス転写因子による発生制御とは別個のシステムである．このことからも，動物と陸上植物の形態形成の転写制御のしくみが独立に進化したことがわかる．

ABC 遺伝子のうちの 1 つが変異すると，2 つの環域の構造が同時に変化する．この事実を基にして，1991 年にコーエンとマイエロヴィッツは 3 種類の ABC 遺伝子が花器官の 4 環域形成を制御するしくみについて次のようなシンプルなモデルを提唱した．

花の環域を外から順に 1, 2, 3, 4 とすると，A 遺伝子は 1, 2 環域で，B 遺伝子は 2, 3 環域で，C 遺伝子は 3, 4 環域でそれぞれ発現・機能する．A が単独で発現する 1 環域はがくに分化し，A と B が発現する 2 環域は花弁に，B と C が発現する 3 環域は雄しべに，C が単独で発現する 4 環域は雌しべに分化すると考えると，3 つの遺伝子の組合せで 4 つの発生の場を定義することができる．さらに，A と C は互いに拮抗的にはたらき，一方の発現が欠損すると，その場所まで，他方の遺伝子の発現領域が広がると仮定すると，A, C それぞれの欠損変異体の表現型をうまく説明できる．これを ABC モデルという．

その後，ABC 遺伝子に加え，胚珠形成に必要な D クラス遺伝子と，花弁や雄しべ，雌しべの形成に必要な E クラス遺伝子が同定された．そのうち，花器官形成には ABCE の 4 遺伝子の組合せが必要であると考えられている．被子植物の花器官の分化は，基本的に，このモデルまたはその変形型で説明できる．E タイプの遺伝子が加わったため，花形成の ABCE モデルともいう．

花の形態形成のしくみに関して，最初に言及したのはゲーテである．1790 年に彼は『植物変態論』を著し，形態の「原型」という概念に基づいた形態学を提唱し，さまざまな観察結果より，葉が植物の各器官の原型であり，花の各部分が葉の変形であることを論証した．ゲーテの卓見が実証に至らなかったのは，実験的に花を葉に変えることができなかったからである．ゲーテの「原型」仮説は，200 年後に，FLO/LFY や ABCDE 遺伝子の機能解析により，みごとに実証された．

6章 オーキシン

　植物ホルモンによる成長制御のシステムは，植物が陸上に進出するに際して新たに獲得したしくみで，陸上植物に固有の成長様式や形態形成の特徴を色濃く反映したものである．細胞壁による細胞構築と，頂端‐基部軸／放射軸による個体設計が陸上植物の発生過程の枠組みとなる構造であることをこれまでの章で見てきた．オーキシンは，この枠組みの制御において，基軸となるシグナル分子であることが近年の研究で明確になってきた．これらの過程におけるオーキシンの役割については，すでに5章で詳しく見てきたので，この章では，その発見の経緯と代謝，情報伝達に絞って見ていくことにする．

6.1　植物のシグナル伝達の特徴

　各論に入る前に，被子植物の成長や形態形成に関わる情報分子の全体像を見ておこう．現在までに9種の低分子化合物が植物ホルモンとして認知されている．それ以外にペプチド性のシグナル分子が多数知られるようになった．また，低分子量のタンパク質であるFT/Hd3aがフロリゲンとして長距離のシグナル伝達に関わることは5章で見てきた通りである．これらのシグナル分子のリストを表6.1に示す．

　この表から，いわゆる「植物ホルモン」として分類されているシグナル分子群は，低分子の有機化合物であること以外に共通する特徴を見いだし難いことがわかる．強いて共通点をあげれば，植物細胞により合成され，植物細胞内の特定の受容体に結合して，特定の遺伝子発現などの生物作用を惹起し，成長の制御に関わる低分子の有機化合物というぐらいである．移動距離や移動様式などはさまざまである．

　植物ホルモン類の生理作用は一見互いに重複しているように見えるが，よく見ると役割が異なる．たとえば，オーキシンとジベレリン，ブラシノステロイドは共に成長を促進するはたらきをもつが，オーキシンの第一の機能は，

表 6.1 被子植物に普遍的なシグナル分子

分類	シグナル分子名 または総称	主要なはたらき	前駆体 または構造特性
植物ホルモン	オーキシン	胚発生，軸形成，器官形成，屈性反応	トリプトファン
	ジベレリン	伸長成長，種子発芽の促進	ent-カウレン
	サイトカイニン	茎葉部の分化，細胞分裂の促進	アデニン＋イソプレノイド
	アブシジン酸	種子形成，休眠，乾燥ストレス応答	カロテノイド
	エチレン	器官の成熟，脱離の促進	メチオニン
	ブラシノステロイド	成長・分化全般の促進	ステロイド
	ジャスモン酸	ストレス抵抗性反応	リノレン酸
	サリチル酸	病原抵抗性反応	フェニルアラニン
	ストリゴラクトン	枝分かれの抑制	カロテノイド
タンパク質，分泌性ペプチド	FT/Hd3a	花成誘導，塊茎形成，芽の休眠誘導	分子量約2万のタンパク質
	LUREペプチド類	花粉管ガイダンス	83～93アミノ酸残基
	SCR/SP11ペプチド類	自家不和合性	～50アミノ酸残基
	EPFファミリー類（ストマゲン，EPF1,2など）	表皮細胞数と気孔の配置制御	45～アミノ酸残基
	CLEペプチド類（CLV3，TDIF，CLE40，ESRなど）	分裂組織の幹細胞ニッチの形成・維持	12～13アミノ酸残基
	システミン	生体防御反応	18アミノ酸残基
	ファイトスルフォカイン類（PSK，PSY1，RGF群）	細胞増殖促進，根分裂組織活性維持	チロシン硫酸化ペプチド

（Davies, 2007；小柴・神谷, 2010 を参考にして作成）

細胞極性や器官の軸性の形成と維持など，発生の制御に関わるものである．それに対して，ジベレリンは種子発芽と茎や葉の伸長促進が主要な役割である．ブラシノステロイドは，伸長のみならず，成長全般を促進する．このような違いは，それぞれの植物ホルモンの進化の経緯と密接に関連している．すなわち，オーキシンのシグナル系は有胚植物の軸性（体制）進化の過程で生まれたものであるのに対して，ジベレリンのシグナル系は維管束植物が大型化する過程で，茎伸長の制御因子として生まれ，種子植物が分岐する過程で，種子発芽を促進する役割を担うようになったと考えられる．

■6章　オーキシン

　一方，同一の植物ホルモンが，発生段階や器官・細胞型の違いにより，異なる作用を発揮することが多い．この作用の多様性は，単一の植物ホルモンの受容のしくみや受容後の情報伝達の多様性を反映したものである．

　以下，主要な植物ホルモンについて，その合成，生体内の移動，受容と情報伝達機構，さらに主要な生理作用について見ていくことにする．分泌性ペプチドやFT/Hd3aなどのシグナルについては，すでに5章で述べたので，以下の章では割愛する．

6.1.1　発見の歴史

　オーキシン発見の糸口となったのは，1880年に出版されたダーウィン親子の植物の成長運動に関する研究である．彼らはアベナ（オートムギ）とカナリアソウの芽生えが光の方向に屈曲する現象（光屈性）を克明に観察，記録し，植物が，芽生えの上部で光の方向を感知し，基部で光の方向に曲がることを明らかにした．さらに，この事実を基にして，植物の光屈性反応が，芽生えの中を上部から下部へ伝わる「刺激」を介して起こるというアイデアを初めて提唱した．

　ダーウィンらの研究が契機となり，植物体内を移動して成長を制御するシグナルの研究が20世紀初頭のヨーロッパで始まった．1913年にデンマークのボイセン-イェンセンは，雲母片をアベナ幼葉鞘の片側に挿入し，組織内の「刺激」の移動を遮る実験により，一方からの光照射により，刺激が幼葉鞘の陰側に向かって流れると結論した．ついで，パールは暗所で育てたアベナ幼葉鞘の先端を切除する実験を考案し，先端からの刺激が化学物質であると結論した．1925年にはセディングが，先端を切除すると幼葉鞘全体の伸長が抑制され，切除片を切り口に戻すと成長が回復することから，刺激物質は細胞伸長を促進する作用をもつと結論している．このような研究の流れの中で，1926年にウェントは，アベナ幼葉鞘先端の組織片をゼラチン片に載せて，しばらく置いた後，そのゼラチン片を，先端を切り取った幼葉鞘の切り口の片側に移し替える実験を行い，幼葉鞘が，ゼラチン片を載せた側とは反対の方向に屈曲することを見いだした．これによって，刺激物質をゼラチン片に「単離」できることが実証された．ウェントはこの方法を改良し，刺

コラム 8
成長素

　フリッツ・ウェントがアベナ幼葉鞘の先端由来の刺激物質をゼラチン片に単離する歴史的な実験に成功したのは，彼が 22 歳の大学院生のときであった．1926 年 4 月 17 日の未明にその実験を終えたフリッツが，興奮しながら，その結果を報告した相手は，ユトレヒト大学での彼の指導教授であり，父親でもあるフリードリッヒ・ウェントであった．ウェント親子は，当初，この活性物質を成長促進物質と名づけたが，その後，略して「成長物質（Wuchsstoff）」と呼ぶようになった．翌 1927 年に，フリッツはこの研究成果を「Wuchsstoff und Wachstum（成長素と成長）」と題したドイツ語の学位論文にまとめ，24 歳という異例の若さで博士の学位を授与されることになるが，学位論文にはまだオーキシンという用語は現れない．

　オーキシンという用語が初めて使われるのはケーグルらの論文である．彼は，1930 年にユトレヒト大学の有機化学研究室に着任すると，ウェントのアベナテストを用いながら，人尿から植物の「成長物質」を精製する研究に着手し，1931 年に活性物質を単離・結晶化した．オーキシンという用語が作られたのはこのときである．結晶化された 2 つの物質はオーキシン a，b と名づけられた．オーキシンとは，ギリシャ語で，成長（aux）物質（in）という意味であるので，ドイツ語の Wuchsstoff のギリシャ語訳ということもできる．ケーグルはこの名称を付けるに際して，ウェントに敬意を表して諒解を得ている．続いて 1934 年にケーグルらのグループは第三のオーキシンを単離したが，その活性がそれほど高くないことから，これをヘテロオーキシンと名づけた．一方，オーキシン a，b は，その後，サンプルが紛失するなど，不審な出来事が続き，その当時の結晶の正体は今も不明である．結晶化を行ったケーグルの助手エルクスレーベンの作為が疑われている．それに対して，ヘテロの文字を冠され，あまり期待されていなかったインドール-3-酢酸がオーキシンと呼ばれるようになった

■6章　オーキシン

> のは皮肉である．
> 　オーキシン発見の知らせはたちまち世界を駆けめぐった．日本でも，柴田桂太は生機學談話会会報に「植物の成長ホルモンに就いて」と題するオーキシンに関する総説を著し，郡場寬は1932年刊の『岩波講座　植物の発生成長及び器官形成』の中に，ウェントとケーグルの両研究を紹介している．その中で，両碩学はWuchsstoffとAuxine（auxinの複数形のドイツ語表記）を，いみじくも，共に「成長素」という同じ日本語に訳している．

激物質の活性を定量できるアベナテストを1928年に報告した．この方法により，植物の成長を促進する物質の存在が世界各地で追試され，同時にその物質の同定と，生理学的な研究が開始された．

6.1.2　アゴニストとアンタゴニスト

ウェントのアベナテストを用いて，ケーグルらはオーキシン活性をもつ分子を妊婦の尿より単離し，それがインドール-3-酢酸（IAA）であることを1934年に明らかにした（図6.1）．IAAは，その後，トウモロコシの未熟種子をはじめ，植物界に普遍的に存在することが実証され，植物由来のホルモンであることが確認された．

IAAと類似の作用をもつインドール酪酸（IBA）や4-クロロインドール-3-酢酸が植物体内に存在することも明らかとなり，IAAと同等の生理作用をもつ物質をオーキシンと定義することになった．ただし，IAA以外のオーキシンは特定の植物種や特定の器官・発生段階に限定されたもので，被子植物に普遍的なオーキシンはIAAであると考えてよい．

オーキシン活性をもつ合成化合物を合成オーキシンという．2,4-ジクロロフェノキシ酢酸(2,4-D)とナフタレン酢酸(NAA)がその代表である．これらは，植物の成長調整剤や除草剤として農業用に利用されると共に，組織培養やホル

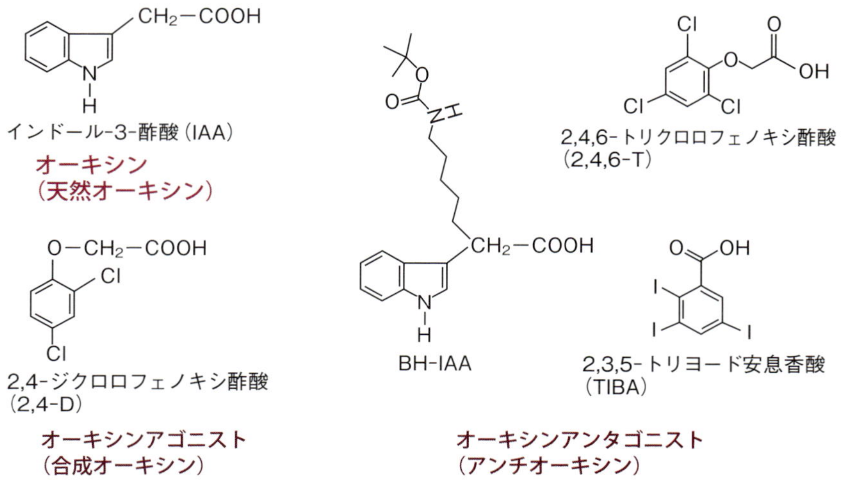

6.1 植物のシグナル伝達の特徴

図6.1 オーキシンとそのアゴニスト，アンタゴニスト
天然オーキシンと，代表的な合成オーキシン（アゴニスト）およびアンチオーキシン（アンタゴニスト）の分子構造．(Hayashi *et al.*, 2008)

モン作用の解析に欠かせない研究用試薬として古くより用いられてきた．

　これら合成オーキシンは後に述べるオーキシン受容体TIR1に結合してオーキシン類似の作用を発揮することが近年実証された．一般にホルモンなどの受容体に結合して，ホルモンと同様の作用を示す分子をアゴニストという．アゴニストは，その構造の違いにより，受容体タンパク質との親和性や代謝（分解）経路，組織内の移動のしやすさが異なるため，生理作用にも特徴がでてくる．2,4-DやNAAなどの合成オーキシンは，IAAに比べ受容体との親和性が若干低いが，生体内で分解され難いため，生理作用が強く表れる場合もある．また，疎水性や分子構造が異なるため，膜透過性や極性輸送の特性も異なる．培養細胞やホルモンの実験に合成オーキシン（アゴニスト）と天然オーキシンであるIAAを使い分けるのはこのような理由からである．

　それとは逆に，本来のホルモンと受容体を奪いあって，その作用を抑制する分子をアンタゴニストという．オーキシンのアンタゴニストは古くよりアンチオーキシンと呼ばれてきた．その中で，2,4,6-トリクロロフェノキシ酢

酸はオーキシン作用を抑制し，2,3,5-トリヨード安息香酸は極性輸送を阻害するとされていたが，必ずしも十分な抑制効果が得られなかった．最近になり，オーキシン受容体 TIR1 と結合する，強力なアンタゴニストである BH-IAA (*tert*-butoxycarbonylaminohexyl-IAA) が開発され，オーキシン作用を受容の段階で特異的に阻害する実験が可能となり，重宝されている．

6.1.3 合成経路

IAA の合成経路に関する研究は近年になり大きく進展し（図 6.2），トリプトファンが前駆体となり複数の経路を経て合成されることがほぼ実証されたが，なお不明な点がいくつか残されている．

現在，インドール-3-ピルビン酸を介する経路が主要な経路であると考えられている．トリプトファンがトリプトファンアミノ基転移酵素（TAA1）によりインドール-3-ピルビン酸に変えられ，インドール-3-ピルビン酸は YUCCA 遺伝子群によりコードされる酵素によってインドール-3-酢酸（IAA）に変えられることが実証されている．それ以外にトリプタミンを介した経路もあり，両合成経路は，被子植物界に広く見られる．

一方，植物種に特異的な合成経路の存在もわかってきた．インドール-3-アセトアルドキシムを介する経路の存在は以前より知られていたが，この合成経路はシロイヌナズナなどのアブラナ科植物に限定され，イネなどの他の植物には存在しないことが代謝中間産物の解析から明らかになった．それを裏付けるように，この過程を触媒するシトクロム P450 モノオキシゲナーゼという酵素をコードする遺伝子（*CYP79*）は，シロイヌナズナには存在するが，イネ科やナス科などの植物には存在しない．

これとは別に，インドール-3-アセトアミドを経由する 4 つ目の経路の存在も知られる．この経路は土壌細菌などにも存在する経路で，植物内での存在も報告されているが，生理学的な役割は明確でない．

上記の経路以外に，トリプトファンを経由しない IAA 合成経路の存在も否定できない．トウモロコシの *orp* 変異体とシロイヌナズナの *trp2* 変異体はいずれも，トリプトファン合成酵素を欠損し，植物でありながら培地にトリプトファンを加えないと生育できない．もし，オーキシンがトリプトファ

6.1 植物のシグナル伝達の特徴

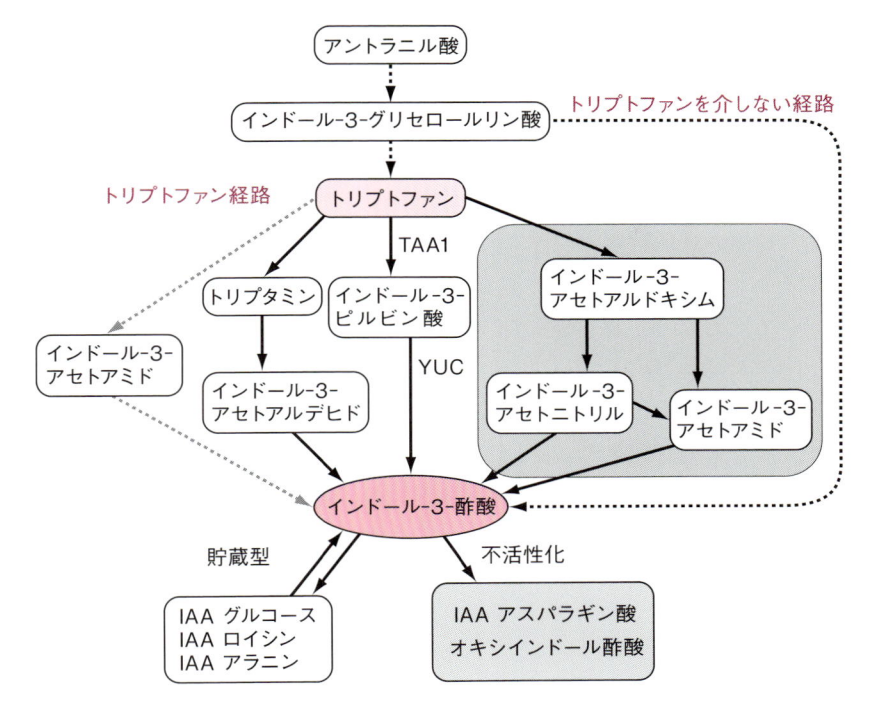

図6.2 オーキシンの合成と不活性化
インドール-3-酢酸は，主にトリプトファンからインドール-3-ピルビン酸を経て合成され，その後不活性化される．これ以外にもいくつかの合成経路がある．（Sugawara *et al.*, 2009；Normanly, 2010；Mashiguchi *et al.*, 2011を参考に作図）

ンから合成されるのであれば，これらの変異体内ではオーキシンは合成されないはずである．ところが，驚くべきことに，これらの変異体内のIAA濃度は野生型よりもはるかに高い．この事実は，トリプトファンを経由しないIAA合成経路の存在を示している．これらの変異体内では，アントラニル酸からトリプトファンを介さずにIAAが合成されると推定されているが，その代謝経路の詳細は不明である．また，この経路が，正常な植物体内でIAA合成にどれほどの貢献をしているのかも，現時点では不明である．

6.1.4　分解と不活性化

植物ホルモンに限らず，一般にシグナル（通信信号）は，役目を果たすと速やかに消去されるのが原則である．シグナルとしての役目を果たした IAA は酸化によりオキシインドール誘導体に不可逆的に分解される場合と，グルコースなどと共有結合を形成し，結合型 IAA になり不活性化される場合とがある．後者では加水分解されると再びインドール-3-酢酸が生成するので，貯蔵型 IAA とも呼ばれる．イネ科植物の胚乳には多量の結合型 IAA が貯蔵されていて，発芽時に IAA の主要な供給源となる．

インドール-3-酢酸のような単純な構造の化合物の合成経路がこれほどまで複雑で，その解明がこれほどに困難であるとは驚きである．その理由として，オーキシン合成能を欠く変異体は発生初期に致死となり，解析が困難なことや，合成経路が複雑に枝分かれした網状経路であること，*de novo* 合成経路に加え結合型のオーキシンからも供給されることなどをあげることができる．

6.2　合成部位と極性輸送

発生過程においてオーキシン極性輸送体である PIN が決定的な役割を担っている例を5章で見てきた．この節ではそのしくみについて見ていくことにする．

6.2.1　局在と合成の場

各組織内のオーキシン濃度は，ウェントが考案したアベナテストという生物検定法で測定されてきたが，1970年代以降，機器分析により定量できるようになった．さらに，今世紀に入ってからは，オーキシン濃度に依存して転写レベルが変わる DR5 という人工プロモーターを $β$-グルクロニダーゼ遺伝子につないだレポーター遺伝子が開発された．これを導入したシロイヌナズナでは，組織内のオーキシン濃度の分布を画像として推定することができる．これらの方法で，オーキシンは茎の先端，葉の先端や排水構造，維管束，根の分裂組織などに局在することがわかった（図6.3）．

しかし，オーキシンが存在する場所が IAA の合成の場とは限らない．オーキシンは組織内を移動し，また，分解されるからである．どの組織にもオー

6.2 合成部位と極性輸送

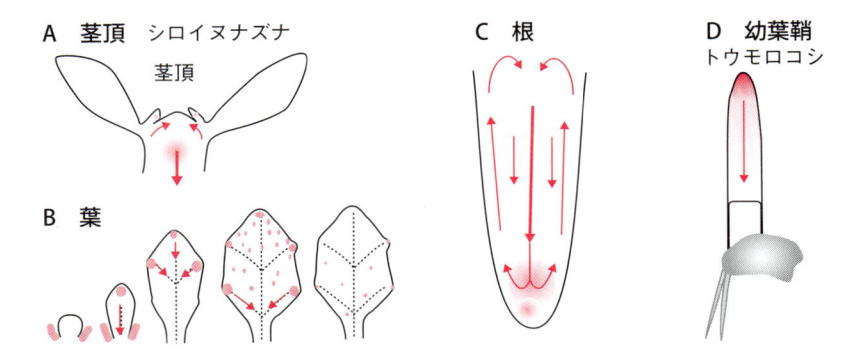

図 6.3 オーキシンの組織内分布と極性移動
オーキシンは植物体内の特定の組織で合成され，PIN などの極性輸送体のはたらきにより体内を組織の極性に沿って輸送される．赤は DR5 プロモーター：GUS を発現した形質転換体を用いて可視化した器官内のオーキシンの濃度分布，矢印は極性輸送の方向．(A-D それぞれ，Vanneste *et al*., 2009；Aloni *et al*., 2003；Blilou *et al*., 2005；Mori *et al*., 2005 を参考に作図)

キシン合成能はあると考えられているが，成長制御に必要な量のオーキシンを *de novo* で合成し，供給する主要な組織は，茎頂分裂組織と若い葉などに限られているようである．すなわち，シグナルとしてはたらくオーキシンにはその分泌組織があるといってよい．

6.2.2 極性輸送

茎頂や若い葉で合成されたオーキシンは組織内の特定の細胞を通って一定の方向に，毎時約 1cm の速さで輸送される．この輸送は呼吸阻害剤などで阻害されることから，エネルギーに依存する過程であることが古くより知られていた．移動方向は器官により異なるが，組織内を特定の方向に輸送されることから極性輸送という．茎や葉などの地上部の器官では，一般に先端から基部（植物体の中心部）へ移動する．これを求基的な極性輸送ということは 5 章でも述べた．

一方，根では細胞列により輸送方向が異なる．中心柱では基部から根端に向かって求頂的に輸送されるのに対して，表皮と皮層組織では根端から基部に向かって求基的に輸送される．これら極性輸送に関するおおよその性質については，すでに 1930 年代のアベナを用いた研究でその概要が解明されて

いたが，輸送を担う分子実体は長年謎のままであった．

極性輸送の分子機構を説明するための仮説として1970年代に化学浸透モデルが提唱された．このモデルは細胞内外の水素イオン濃度差がオーキシン移動の駆動力となるというものである．植物細胞では，細胞膜H^+-ATPaseのはたらきで，細胞内から細胞外（細胞壁中）に水素イオンが放出され，アポプラスト内が弱酸性（pH 5前後）となり，細胞質内は中性（pH 7）に保たれることを3章で見てきた．IAAは解離定数（pK_a）が4.75の弱酸であるため，pH 5付近の細胞壁中では分子の約半数がイオン化して負の電荷をもち，残りの半数はイオン化せず中性分子として存在する．一方，pH 7付近の細胞質内では99％以上のIAAは負にイオン化する．

細胞外の電荷をもたないIAA分子は，細胞膜を拡散により通過できるため，細胞内に入ることができる．しかし，一度，細胞内に入ると，IAAはイオン化し電荷をもつため，拡散だけでは膜を通過して細胞外に出ることはできなくなる．もし，細胞膜上の特定の面にのみIAAイオンを通過させる輸送体があるとすれば，その面を通して，イオン化したIAAが一定方向に排出され，組織内にIAAの流れが生じる，とするのが化学浸透モデルである．

6.2.3 輸送体

化学浸透モデルで仮定されたオーキシン輸送体の存在は，突然変異体を用いた研究により1990年代以降に次々と実証された．これまでに，PINタンパク質群とAUX1タンパク質，ATP結合カセットタンパク質類B（ABCB）の3つのクラスのIAA輸送体の存在が明らかになっている（図6.4）．

PIN発見の発端となったのは，花や葉が分化せず，茎が針のようになるシロイヌナズナ変異体の解析である．この変異体はその形状より*pin-formed1*（*pin1*）変異体と名づけられていた．この*pin1*変異体の茎では，オーキシンの極性輸送が顕著に低下していることが1991年に解明され，それが契機となり，分子遺伝学的解析により，瞬く間に*pin1*変異体の原因遺伝子が同定され，PIN1タンパク質の構造や機能が明らかになった．

PIN1タンパク質はオーキシンが排出される細胞膜面に局在する10回膜貫通型の排出輸送体で，細胞質内のIAAイオンを細胞外に押し出すはたらき

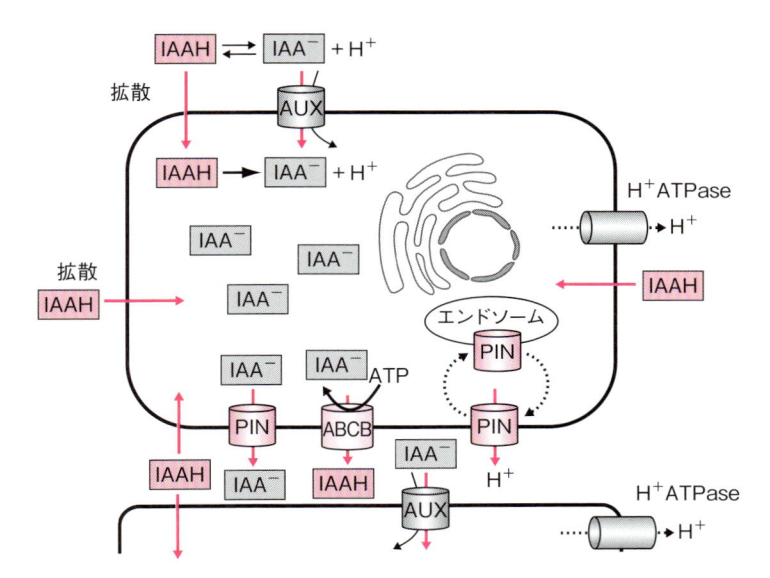

図 6.4　オーキシン輸送体（PIN，AUX1，ABCB）による極性輸送
オーキシンは排出担体（PIN）と，共輸送体（AUX），一次能動輸送体（ABCB）の3種類の輸送体により，方向性を以て膜輸送される．その結果，オーキシンは組織内にはりめぐらされたルートを通り，細胞間を移動する．細胞膜 H^+ ATPase は細胞壁中の水素イオン濃度を高めることにより，拡散によるオーキシンの細胞への流入を促進し，PIN や ABCB などによる極性輸送を相乗的に促進する．(Vanneste et al., 2009 ; Zažímalová et al., 2009 を参考に作図)

をもつ．これは化学浸透モデルで仮定されていた輸送体そのものといってよい．シロイヌナズナには PIN1 から PIN8 までの 8 種の PIN タンパク質が存在し，それぞれが異なる組織で発現し，協調しながらオーキシンの極性輸送の役割を分担している．PIN1 欠損変異体の茎では IAA の極性輸送が著しく低下することから，茎では PIN1 が主要なオーキシン輸送体であることがわかる．

一方，AUX1 はアミノ酸透過酵素に似た 11 回膜貫通型の共輸送体で，PIN 類とは逆に細胞外の IAA を，細胞外の H^+ と共に細胞内に取り込むはたらきをもつ．したがって，茎では PIN1 が細胞の床面に局在するのに対して，AUX1 は細胞の天井面に局在する．この遺伝子は根の重力屈性に異常を示す変異体の解析により明らかにされたものである．

■6章　オーキシン

　3番目のABCBタンパク質類は，分子内にATPを結合する領域をもつ一次能動輸送体の1つで，生物界に広く分布する大きなABCタンパク質ファミリーの仲間である．このファミリーの中には，細胞内の毒性分子を細胞外に排出するはたらきをもつものが多い．それらの中にIAAを特異的に排出するはたらきをもつものがある．シロイヌナズナではIAAを排出するABCBタンパク質が複数種同定されている．これらは，PIN類と協調し，役割分担をしながらオーキシンの極性輸送を担っていると考えられる．

　このように，植物体内には水や養分を輸送する道管・師管の通路とは別に，オーキシンを輸送する通路が張り巡らされているのである．オーキシンの合成経路が網状の複線型であることを6.1.3で見てきたが，オーキシンの極性輸送経路も，それに劣らず複雑な複線型である．オーキシンのような基軸となる重要なシグナルの場合には，その多義的な機能を安定的に発揮するために，複線型あるいはネットワーク型の情報伝達や代謝経路が必要なのであろう．

6.2.4　輸送体の細胞内局在の制御

　オーキシン排出輸送体であるPINは床面に局在するのに対し，取り込み輸送体であるAUX1は天井面に局在し，それにより，組織内を天から地の方向にIAAが流れるしくみを見てきた．それでは，これらのオーキシン輸送体の膜局在はどのようにして制御されているのか？

　PIN1タンパク質に緑色蛍光タンパク質をつないだGFP-PIN1タンパク質をシロイヌナズナで発現させると，生きた植物細胞内のPIN1タンパク質の動きを蛍光顕微鏡下で観察できる．正常な状態では大部分のPIN1は細胞の床面の細胞膜に局在しているが，小胞輸送阻害剤であるブレフェルディンAで処理すると，細胞膜には局在せず，核周辺のエンドソームに集積するようになる．また，アクチン重合阻害剤であるサイトカラシンDも同様の阻害作用をしめす．これらのことから，PIN1はアクチン繊維が関与する小胞輸送を介して細胞膜とエンドソームの間を巡回していることがわかる．

　この過程には，PINの小胞輸送の制御に関わるGNOM（ARF-GEF）という因子が必須であることが明らかにされているが，PINの膜輸送の方向や，

細胞膜上の局在を制御するしくみの全体像は未だよくわかっていない．細胞膜上の PIN の局在を制御するしくみの解明は，オーキシンの極性輸送を介した植物の軸性の制御機構の解明につながる重要な課題である．また，重力屈性や光屈性などの，オーキシンが重要な役割を担う制御機構においても，PIN の小胞輸送の方向制御が重要な役割を担っていると考えられる．

6.3 受容と情報伝達

6.3.1 受容体 ABP1

オーキシンの受容体の研究は 1970 年代から本格的に始められ，^{14}C で標識したオーキシンに結合するタンパク質の探索が進められた．その結果，1985年にオーキシンに特異的に結合するタンパク質が単離・同定され，オーキシン結合タンパク質 1（ABP1）と名づけられた．ABP1 は緑藻と陸上植物にのみ存在する膜タンパク質で，C 末端に小胞体残留シグナルをもち，大部分は小胞体膜に留まるが，一部は細胞膜上にも局在する．ABP1 にはパラログがなく，シロイヌナズナには 1 遺伝子が存在するのみである．

一般に，ある分子が特定のシグナル分子の受容体であることを証明するには，
・シグナル分子と特異的に結合すること
・結合後の情報伝達過程がシグナル分子固有の生理作用につながることをそれぞれ実証しなければならない．ABP1 に関しては，前者については実証されている．一方，後者については，次のことがわかっている．

①オーキシンは細胞の膜電位（3.1.3 参照）を変化させ，イオンの移動（イオンフラックス）を活性化するが，その過程に ABP1 が必須である．

② ABP1 を欠損した変異体の発生は球状胚時期で停止し，致死となる．

③ ABP1 遺伝子の発現や ABP1 タンパク質の活性を変えた形質転換体では，葉や茎頂分裂組織での細胞伸長と細胞分裂が大きく影響を受ける．

④ ABP1 はオーキシンの存在下で，細胞膜上に局在する ROP という植物固有の GTPase を 30 秒以内に活性化し，その結果，細胞膜直下の細胞骨格やエンドサイトーシスが変化することが 2010 年に明らかになった．

これらの状況証拠から考えて，ABP1 が細胞膜上でオーキシンと結合し，

コラム 9
植物ホルモンと F-box タンパク質

　E3 ユビキチンリガーゼは，細胞内の特定のタンパク質を認識して，それにユビキチンという 76 アミノ酸からなる小さなタンパク質を結合するはたらきをもつ酵素複合体である．ユビキチンが結合されることをユビキチン化という．ユビキチン化されたタンパク質は 26S プロテアソームにより分解される．こうしてユビキチン化され，分解されるタンパク質を標的タンパク質という．

　標的タンパク質を識別してユビキチン化するために，標的タンパク質ごとに異なる E3 ユビキチンリガーゼが存在する．SCF 型 E3 ユビキチンリガーゼは代表的な E3 ユビキチンリガーゼのサブグループで，その特異性を決めるのが F-box タンパク質である．

　F-box タンパク質は，シロイヌナズナのゲノム内に約 700 種類存在すると推定されている．オーキシンの受容体である TIR1/AFB タンパク質群と，ジャスモン酸の受容体はこの F-box タンパク質の仲間である．これらのホルモンが受容されると，それにより，各ホルモンの情報伝達に関わる負の制御因子が直接ユビキチン化されて分解される．ジベレリンの受容体そのものは F-box タンパク質ではないが，受容体にジベレリンが結合するとジベレリン情報伝達の負の因子である DELLA タンパク質が F-box タンパク質のはたらきを介して特異的な SCF 型 E3 ユビキチンリガーゼによりユビキチン化され，分解される．

　F-box タンパク質ファミリーは，植物ホルモンの情報伝達システムの一部となり，植物ホルモンの情報伝達経路の特異性の基盤となっているといえる．

転写を介さない速い過程を制御している可能性は高く，受容体としての要件を満たしていると結論してよいであろう．

6.3.2 受容体 TIR1/AFB

2005年に，ABP1とは別のTIR1（transport inhibitor response 1）というタンパク質が，6.3.1 で述べた受容体としての2つの条件をすべて満たすオーキシン受容体であることが実証された．TIR1 が欠失すると，オーキシン作用が異常となることは以前より知られていた．TIR1 は F-box タンパク質ファミリーの一員で，E3 ユビキチンリガーゼという複合体の構成要素の1つである．その複合体を SCF^{TIR1} という．TIR1 以外にもオーキシン受容体として機能する F-box タンパク質が複数見いだされ，AFB（Auxin signaling F-box）と呼ばれる．これらを TIR1/AFB と総称する．

6.3.3 $SCF^{TIR1/AFB}$ の標的分子

E3 ユビキチンリガーゼである $SCF^{TIR1/AFB}$ 複合体は，特定のタンパク質を分解する．その標的となるのが AUX/IAA タンパク質である．オーキシンがTIR1 に結合すると，オーキシンが接着剤のはたらきをして AUX/IAA タンパク質が TIR1 と特異的に結合できるようになる．その結果，AUX/IAA はユビキチン化され，続いてプロテアソームで分解される（図 6.5）．

AUX/IAA は負の因子で，オーキシンが存在しないときには，そのC末端側領域で，ARF 転写因子に結合してそのはたらきを不活性化している．オー

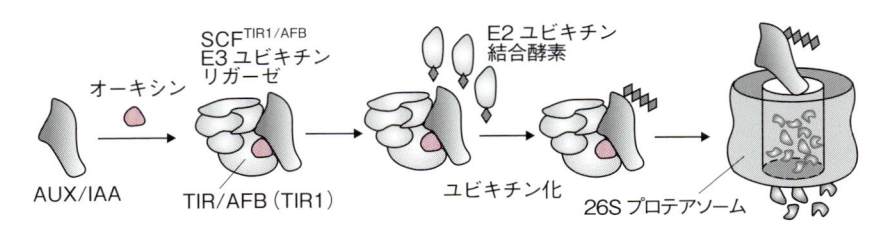

図 6.5　$SCF^{TIR1/AFB}$ ユビキチンリガーゼ
　オーキシンは，その受容体である TIR1/AFB と，負の制御因子である AUX/IAA を接着させるための「のり」の役割をして両分子を特異的に結合させる．この三者が結合すると，TIR1/AFB のはたらきで，AUX/IAA がユビキチン化され，プロテアソームで分解される．（Tan *et al.*, 2007 を参考に作図）

■ 6章　オーキシン

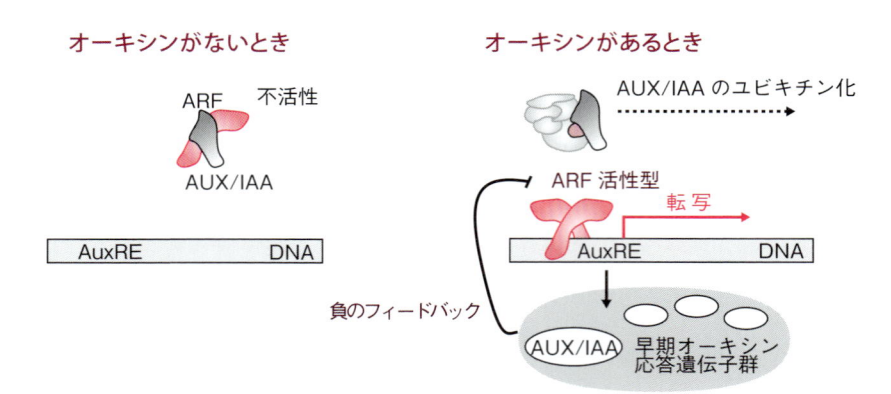

図 6.6　オーキシンの受容から転写制御までの情報伝達
オーキシンが無いときには，AUX/IAA は ARF 転写因子と結合して，ARF による転写を抑制する．オーキシンが存在すると AUX/IAA が分解され，その結果，ARF のはたらきにより早期オーキシン応答性遺伝子群が転写される．AUX/IAA も早期オーキシン応答性遺伝子の1つで，それにより，再び ARF が不活性化されることにより負のフィードバックがかかる．（Ulmasov *et al.*, 1997a, b に基づいて作図）

キシンの作用で AUX/IAA が分解されると ARF 転写因子が活性化しオーキシン応答性配列（AuxRE）と呼ばれる特定の塩基配列（TGTCTC）をもつ遺伝子のプロモーター領域を認識し，それらの遺伝子の転写を誘導する．（図6.6）．

このように，オーキシンは細胞中の負の制御因子である AUX/IAA タンパク質を E3 ユビキチンリガーゼにより分解させ，正の制御因子である ARF の抑制を解除することにより，オーキシン応答性遺伝子群の転写を促進する．

6.3.4　AUX/IAA と ARF

シロイヌナズナには AUX/IAA が29種，ARF が23種存在し，それぞれ AUX/IAA1, 2, 3…29, ARF1, 2…23 と名づけられている．受容体である TIR1/AFB という F-box タンパク質が4種存在することは先ほど述べた．他の被子植物についても同様の多様性がみられる．

オーキシンは受精から，細胞分裂，細胞分化，初期発生から器官形成，細胞伸長，成長運動，老化に至る生活環のほぼすべての時期を通して，多様な作用を発揮する．そのしくみについては，つい最近までまったく謎であった．

この疑問は，F-box タンパク質や AUX/IAA, ARF などのオーキシンの情報伝達に関わる分子がいずれも，タンパク質ファミリーからなり，いろいろな組合せが可能であることがわかったことにより，解け始めてきた．つまり，4 個の TIR/AFB, 29 個の AUX/IAA, 23 個の ARF のすべての組合せが可能とすれば，単純に計算すると，最大で $4 \times 29 \times 23 = 2668$ 通りもの数のオーキシン情報伝達経路の使い分けの組合せが可能になるのである．この多様性が，組織や発生段階ごとに異なるオーキシン作用の特性を生み出すしくみの1つであると考えられる．

オーキシン作用の多様性を生み出すもう1つのしくみは，次に述べるオーキシンによる制御を受ける遺伝子群の多様性である．

6.4　成長制御

オーキシンの最も基本的な生理作用である細胞伸長について，ABP1 や SCF$^{TIR/AFB}$ のはたらきをまとめておこう．

6.4.1　細胞壁関連遺伝子の発現誘導

細胞伸長は，被子植物の成長の最も基本的な素過程であるだけでなく，オーキシン作用が最もよく研究されてきた現象でもある．成長中の幼葉鞘や茎などの組織片を切り取り，水に浮かべてしばらく置くと，組織片からオーキシンが極性輸送により排出され，組織内のオーキシン濃度が低下するため，伸長が次第に停止する．この組織片にオーキシンを投与すると 10〜15 分後に伸長が再開する．したがって，この間にオーキシンは細胞内で受容され，情報伝達を経た後，細胞伸長に必要な一連の分子過程を誘導したことになる．

細胞伸長過程は，細胞壁の再編過程を通して制御されていることは4章で述べた通りである．また，その過程では，細胞膜やゴルジ体に局在する細胞壁の多糖類合成酵素群と，XTH やグルカナーゼ，ペクチンメチルエステラーゼ，エクスパンシンなどの細胞壁中に分泌されるタンパク質群，さらに細胞骨格や膜輸送の制御が必要である．

オーキシンによる細胞壁変化の制御過程は，転写制御を介する過程と，介さない過程に分けられる（図 6.7）．前者は SCF$^{TIR/AFB}$ ユビキチンリガーゼか

■ 6章　オーキシン

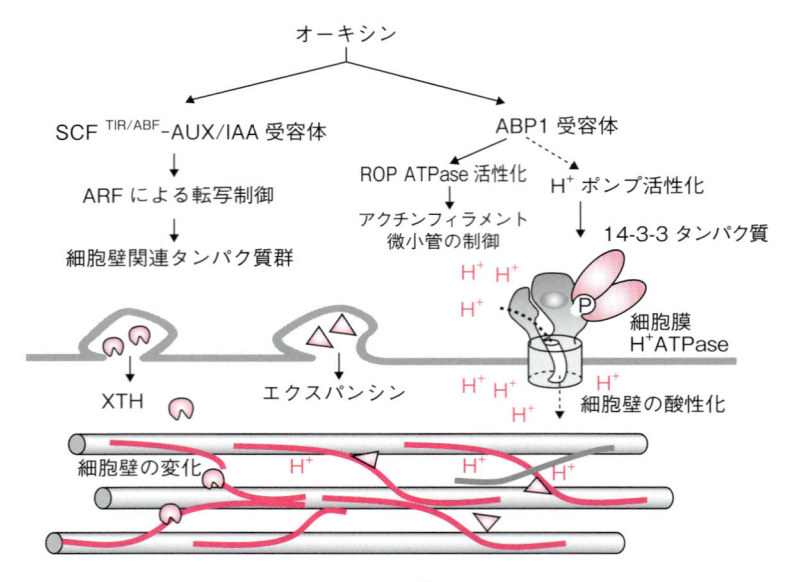

図6.7　オーキシンによる細胞壁の変化
オーキシンは，細胞壁関連の遺伝子群の転写を促進すると同時に，水素イオンポンプの活性化など，転写を介さない過程を通してアポプラストのpHを5付近まで下げる．これら複数の因子のはたらきにより細胞壁のゆるみが引き起こされると考えられているが，その全体像はなお不明な点が多い．（Cleland, 1973；Kutschera et al., 1985；Nishitani et al., 2006；Cosgrove, 2005；Xu et al., 2010 参照）

ら，AUX/IAA，ARFの情報伝達経路を介してオーキシン応答性の遺伝子の転写制御に至る過程である．転写制御を介したオーキシン作用は典型的な組織では，オーキシン投与後，10分以上の潜伏期の後に現れる．

　細胞壁酵素はいずれも大きな遺伝子ファミリーにコードされる．そのファミリー中には，プロモーター領域内にオーキシン応答性シス配列（AuxRE）をもつ遺伝子がかなりの比率で存在する．これらはAUX/IAA-ARF制御系を介して，転写制御をうけると推定される．それ以外にも，転写後の制御や翻訳後の酵素活性の調節を通して，タンパク質のはたらきがオーキシンに制御され，最終的には，細胞壁の応力緩和を介して細胞壁伸展を引き起こすと同時に，細胞壁を合成・補強しながら，永続的な細胞伸長を進めていると考

えられる（4 章参照）．

6.4.2 転写を介さない制御

オーキシンを植物組織に投与すると，細胞膜 H^+-ATPase が活性化し，細胞壁中への水素イオンの放出が始まり，細胞膜を隔てたイオンの輸送が促進されることは以前より知られていた．

この事実に基づき，酸成長仮説が1970年に提唱された．この仮説は，オーキシンが細胞膜 H^+-ATPase を活性化し，細胞壁中の水素イオン濃度を高めることにより細胞壁の性質を変化させ，細胞伸長を誘導するというものである．その根拠となる主要な事実は，

① pH4 程度の弱酸性緩衝液が細胞伸長を誘導すること，

②オーキシンは細胞膜 H^+-ATPase を活性化し，細胞壁中に水素イオンを放出し，細胞壁を弱酸性化すること，

③フシコクシンというカビ毒は，細胞膜 H^+-ATPase を特異的に活性化させ，細胞壁を酸性化し，同時に，細胞伸長を誘導すること，の3点である．

この説は転写を介さないオーキシン作用を前提にしたものであるが，当時の仮説ではオーキシンの作用点は定かにされていない．

この説は提唱されるや，たちまち1970年代の植物生理学の学界に，酸成長仮説の大旋風を巻き起こし，細胞壁中に分泌される水素イオンは，オーキシンのセカンドメッセンジャーとして脚光を浴びた．この説は今もなお，一般に受け入れられているが，いくつか問題点が指摘されている．最も重要な問題点は，オーキシンにより誘導される細胞壁の酸性化がせいぜい pH5.0〜5.5 程度であるのに対して，フシコクシンや酸性緩衝液が有意な細胞伸長を引き起こす pH が 4.5 以下であることである．また，細胞壁の pH が 5.0〜5.5 になるように，フシコクシンの投与濃度を調節した場合には，フシコクシンは細胞伸長を誘導しない．酸成長仮説の最も重要な論拠が破綻していることになる．

オーキシンが細胞膜 H^+-ATPase を活性化するのは事実で，14-3-3 タンパク質は H^+-ATPase の調節因子としてはたらいている．その結果，細胞壁は常時 pH5.5 付近に保たれている．この過程は，とくに水分生理や膜輸送には

重要な意味があることは3章で述べた．また，それにより細胞壁にさまざまな変化が引き起こされると考えられる．この点でオーキシンによるH^+の放出は重要な生理機能であり，おそらくは細胞伸長にも必須のプロセスであると考えられる．しかし，フシコクシンにより誘導される細胞壁のpH低下や細胞成長を誘導する緩衝液のpHと，オーキシンにより誘導される細胞壁のpHの低下との間には大きな差があることも明確な事実で，オーキシンによる細胞壁の酸性化が細胞壁伸展の直接の制御因子であるとは現時点では考えにくい．

　一方，ABP1を介した早い反応が転写を介さないオーキシン作用において重要な役割を担うことが明らかになってきた．シロイヌナズナの表皮細胞では，細胞外に分泌されたABP1にオーキシンが結合すると，30秒以内に細胞膜上のROP GTPaseが活性化され，細胞膜直下のアクチン繊維や表層微小管の配向が再編され，表皮細胞の先端成長と分散成長が制御され，独特の細胞の形が生まれる．この過程に細胞膜H^+ ATPaseがどのように関わるのかは，興味深いところだが，現時点では不明である．

7章 ジベレリン

　ジベレリンによる情報伝達は，陸上に進出した植物が，維管束植物となり，大型化する進化過程で獲得した制御システムである．大型化の進化を選択しなかったコケ植物にはジベレリンの情報伝達系がない．また，維管束植物が種子を進化させた後は，種子形成や発芽の制御において中心的役割を担うようになったシグナル系である．ジベレリン研究の歴史は，オーキシン研究に劣らず古い．イネの徒長を引き起こす原因物質として，黒沢英一が，その存在を実証したのは1926年のことである．また，1865年にメンデルが記載したエンドウの草丈に関わる劣性形質 *le* の原因遺伝子は，活性型ジベレリンの合成に関わる酵素をコードしていたことが，近年になり明らかにされている．

7.1　発見と代謝経路・代謝の制御

7.1.1　発見の歴史

　イネ馬鹿苗病の原因物質であることが黒沢により実証されたカビ（*Gibberella fujikuroi*）毒素の研究は，その後，東京帝国大学で藪田貞治郎らにより進められ，1935年に，その活性成分が，ジベレリンと名づけられ，1938年には結晶化されたが，化学構造の決定には至らなかった．第二次世界大戦が終了したのち，ジベレリン研究が日本と欧米で再開し，1951年にカビ由来の三種のジベレリンの化学構造が決定された．さらに，1958年にはマメ科の植物よりジベレリンが単離・同定され，植物本来がもつシグナル分子，すなわち植物ホルモンであることが実証された．

　その後，類縁化合物が次々と単離同定された．これらの分子はいずれも，*ent*-ジベレランという特徴的な基本構造をもつことから，*ent*-ジベレラン構造をもつ天然化合物をジベレリンと定義し直し，生物種を問わず，単離された順にジベレリン酸1，2，3…（$GA_{1, 2, 3…}$）と命名することになった（図7.1）．現在までに136のジベレリンがカビや細菌を含むさまざまな生物種か

■ 7章　ジベレリン

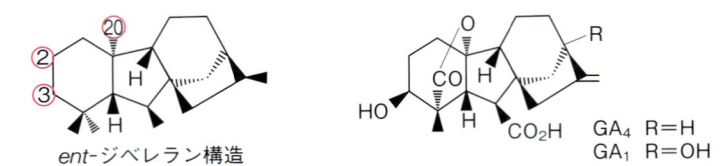

図 7.1　ジベレリンの定義と，主要な天然ジベレリンの化学構造
赤丸で囲んだ数字は，ジベレリンの合成酵素または分解酵素が作用する主要な官能基の炭素番号を示す．
ent-ジベレラン構造をもつ化合物をジベレリンと定義し，発見された順に番号がふられる．植物体内で活性をもつ主要なジベレリンは，GA_1 と GA_4 である．

ら単離・同定されているが，そのうち，植物の成長制御に直接関わるのは，GA_1 と GA_4，GA_3，GA_7 などである．それ以外の大部分のジベレリンは種子植物のシグナル伝達には直接関与しない．

7.1.2　ジベレリン応答の変異体

　ジベレリンの主要な生理作用である茎伸長や種子発芽の促進作用は，組織内のジベレリン濃度や外部より投与するジベレリン量と正の相関がある．このことは，植物がジベレリン濃度を成長制御のシグナルの強度として感受していることを示している．これは，古くより，ジベレリンが成長制御に関わる正のシグナル分子であると考えられてきた主要な根拠である．

　ジベレリンが茎伸長の正の量的シグナル分子であるとすれば，その合成に関わる代謝経路のどこかに欠損のある変異体は，草丈が低い矮性の形質を示し，その矮性はジベレリンを外部より投与すると回復するはずである．このような変異を一般に，ジベレリン感受性変異という．したがって，矮性で，かつジベレリンに感受性である変異体を探索すればジベレリン合成経路に関わる遺伝子の欠損変異体を単離できるはずである．実際に，この方法でシロイヌナズナの *ga1*，*ga2*，*ga3*，*ga4*，*ga5* を初め，エンドウや，イネ，トウモロコシなどジベレリン合成能を欠失した変異体が多数単離され，それらの解析により，ジベレリンの合成経路は 20 世紀中にほぼ解明された．はじめに述べた通り，メンデルの草丈の低い変異体 *le* も，その 1 つであった．

コラム 10
ジベレリン研究の第一歩

　草丈が異常に伸びるイネの病気は，古くより稲作に大きな被害を与えていたようで，民間でもよく知られ，わが国では馬鹿苗，男苗，あほう苗，さぎ苗，やりかつぎ，などと呼ばれていた．19世紀末，当時の日本の農商務省の官吏であり，植物病理学者でもあった堀 正太郎はこの馬鹿苗病に注目し，その病徴がカビ感染によることを突きとめ，1898年に農商務省の農事試験成蹟第十二報に報告している．これがジベレリン発見につながる研究の始まりである．

　ついで1919年，当時，日本の統治下にあった台湾総督府の農事試験場に着任した25歳の技官，黒沢栄一が馬鹿苗病の研究に着手し，数年後に，原因となるカビの培養液より，イネの伸長を促す毒素を抽出することに成功した．その毒素は熱に安定で，他の植物に対しても同様の成長作用を示した．さらに，イネ品種によって毒素に対する抵抗性（感受性）が異なることも明らかにして，イネの徒長がカビ由来の物質によると結論した．この研究成果は1926年に台湾博物学会会報に発表された．

　同じ年の4月に，ユトレヒト大学の大学院生ウェントが，オーキシンをゼラチン片に集め，そのシグナルが熱に安定な物質であることを実証している．ジベレリンもオーキシンも，その研究の第一歩を踏み出したのは，ともに若き研究者たちであった．

7.1.3　合成経路

　ジベレリンは，炭素数5（C_5）のイソプレンという構造単位からなるイソプレノイドと総称される化合物に属す．植物には二通りのイソプレノイドの合成経路がある．1つは細胞質ゾル中でアセチルCoAからメバロン酸を経由するMVA経路，もう1つは，色素体内で，グルコース由来のピルビン酸

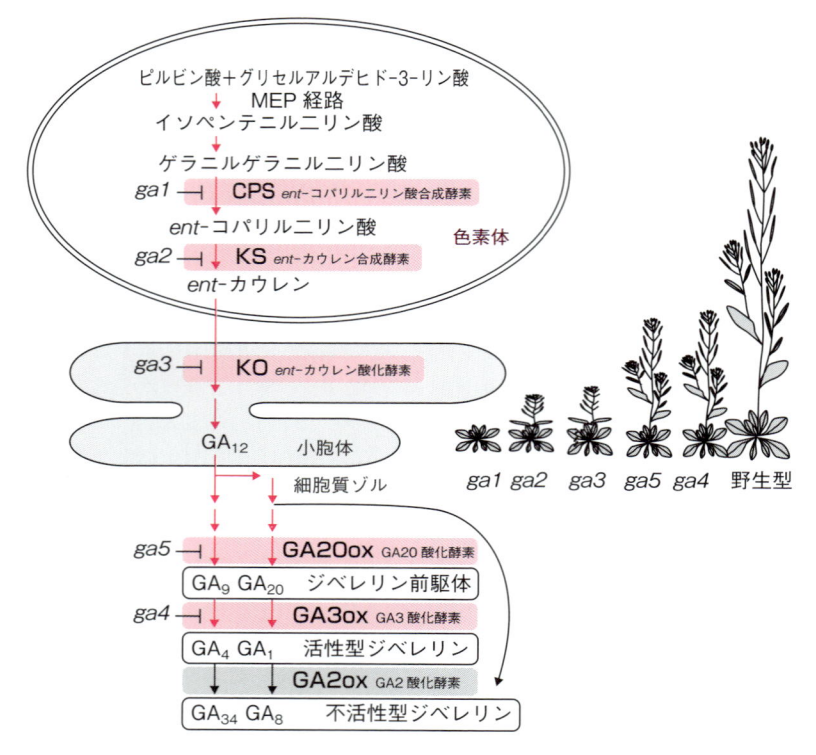

図 7.2　ジベレリン合成経路と合成酵素欠損変異体

色素体内で MEP 経路により合成された *ent*-カウレンは，小胞体内で GA_{12} になる．GA_{12} は細胞質ゾル内で GA_1，GA_4 になる．これらの過程を触媒する酵素を欠損した 5 種類のシロイヌナズナ変異体 *ga1* から *ga5* では成長が著しく抑制される．（Taiz and Zeiger, 2006 を参考に作図）

とグリセルアルデヒド 3-リン酸から C_5 のイソペンテニル二リン酸を経て合成される MEP 経路である．ジベレリンは従来 MVA 経路で合成されると考えられてきたが，少なくとも緑色の組織ではもっぱら MEP 経路で合成されることがわかっている（図 7.2）．

イソペンテニル二リン酸が 4 分子重合すると C_{20} のゲラニルゲラニル二リン酸（GGPP）ができる．GGPP は色素体内で，テルペンを環状化する酵素である *ent*-コパリル二リン酸合成酵素（CPS）や *ent*-カウレン合成酵素（KS）

7.1 発見と代謝経路・代謝の制御

のはたらきにより環状の ent-カウレンに変えられる．ent-カウレンは色素体内から小胞体に移動し，小胞体膜上のシトクロム P450 酸素添加酵素の一種である ent-カウレン酸化酵素（KO）等のはたらきで GA_{12} になる．GA_{12} は小胞体より細胞質ゾル内に放出され，2 つの経路に分かれ，細胞質ゾル内で GA20 酸化酵素（GA20ox）と GA3 酸化酵素（GA3ox）による反応を経て GA_1 と GA_4 の 2 種類の活性型ジベレリンができる．この最後のステップがジベレリン合成の律速過程である．

ジベレリンの略号と酸化酵素の表記がまぎらわしいので，ここで説明を加えておく．GA3 酸化酵素（GA3ox）の「3」はジベレリン環の 3 位の炭素原子を表し，この酵素は，ジベレリン分子の 3 位の炭素原子上の C－H を酸化して，C－OH にする反応を触媒する（図 7.1 参照）．一方，GA_3 の「$_3$」は三番目に同定されたジベレリン分子のことである．また，*ga1*, *ga2*, *ga3*… などの変異体も順番につけられた名称で，その数字はジベレリン分子や酵素とはまったく関連がない（図 7.2 参照）．

さて，こうして合成される活性型の GA_1 と GA_4 は，シグナルとしての役目を終えると細胞質ゾル内に存在する GA2 酸化酵素（GA2ox）により 2 位の炭素原子が水酸化され，不活性型のジベレリンになる．一般に，シグナル分子の細胞内濃度，すなわちシグナル強度の制御は，合成過程だけでなく，分解などによる不活性化が重要な役割を担うことが多い．ジベレリンの場合も例外でなく，合成経路の最後のステップである GA20 酸化酵素（GA20ox）や GA3 酸化酵素（GA3ox）による活性化と，GA2 酸化酵素（GA2ox）による不活性化のバランスにより調節されている．

シロイヌナズナのジベレリン感受性矮性変異体 *ga1*, *2*, *3*, *4*, *5* の表現型からは，ジベレリンの生合成について，もう 1 つ興味深いことがわかる．CPS や KS，KO など上流の合成酵素を欠損している *ga1*, *ga2*, *ga3* 変異体の成長は著しく抑制されるが，下流が遮断されている *ga4*, *ga5* の成長はそれほど抑制されない．このことから，ent-カウレン以降のジベレリンの合成経路にはバイパスがあり，ジベレリン合成は完全に止まっていないことが推測できる．このような変異体は，合成経路のどこかからジベレリンが漏れ出

ているという意味で，漏出性変異と呼ばれてきた．したがって，図7.2に示した経路以外の，未知のジベレリン合成経路の存在は否定できない．

7.1.4 組織内ジベレリン濃度の調節

組織内のジベレリン濃度のバランスの制御に関わる3つの酵素，GA20酸化酵素，GA3酸化酵素，GA2酸化酵素のそれぞれのはたらきは，植物体内の発生シグナルや外界からの環境シグナルにより制御されている（図7.3）．したがって，この過程を通してさまざまな情報がジベレリンのシグナル強度として統御されているとみることができる．その点で，代謝過程は，ジベレリンによる成長制御の重要なステップである．

エンドウのCPSを欠損した *ls* という変異体ではジベレリン合成経路の上流が遮断されるため，活性GAは合成されない．このとき，GA20酸化酵素とGA3酸化酵素の遺伝子である *GA20ox* と *GA3ox* のmRNAレベルは，野生型よりも *ls* 変異体内でより高くなる．一方，GA2酸化酵素をコードする *GA2ox* のmRNAは逆に *ls* 変異体内の方が発現が低くなる．このことから，植物は，組織内ジベレリン濃度を感知して，ジベレリン合成酵素や不活性化酵素のはたらきを制御するフィードバック機構をもち，細胞内のGA濃度の恒常性を維持するしくみを備えていることがわかる．

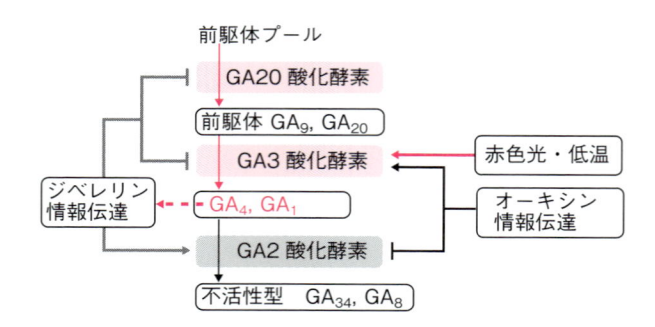

図7.3　組織内のジベレリン濃度の調節
生体内のジベレリン量はGA合成酵素であるGA3酸化酵素と，分解酵素であるGA2酸化酵素のはたらきのバランスにより調節される．これらの酵素は，オーキシンや環境シグナルにより制御されると同時に，ジベレリン自身によってもフィードバック制御を受ける．（Ross *et al*., 2000を参考に作図）

7.2 情報伝達

赤色光はシロイヌナズナやレタスなどの種子の発芽を促進する．このような種子を光発芽種子という．このとき赤色光はフィトクロムのシグナル伝達系を介して，*GA3ox* の転写を高めることにより活性型のジベレリン量を増加させる．発芽は，低温によっても促進されることがあるが，その際にも，*GA3ox* の転写が高まり，*GA2ox* の発現レベルが低下する．

エンドウの茎頂を切除すると，茎頂直下の茎組織内のオーキシン濃度が次第に低下し，それとともに，茎組織内の *GA3ox* mRNA 量が減少し，*GA2ox* mRNA が増加する．その結果ジベレリン濃度が激減する．一方，茎頂切除後に，茎の切り口にオーキシンを与えると，*GA3ox* mRNA 量は減少せず，*GA2ox* mRNA の増加も起こらず，ジベレリン濃度は無傷の植物よりもむしろ増加する．このことから，オーキシンによるエンドウ茎の伸長促進作用の少なくとも一部は，ジベレリン量の増加を介していることがわかる（図 7.8 参照）．

7.2 情報伝達

7.2.1 情報伝達の概要

情報伝達に関わる因子を欠損した変異体の表現型は，ジベレリンに対して非感受性で，ジベレリン投与により表現型は回復しないはずである．また，ジベレリンの情報伝達が途絶えれば，それがジベレリン合成経路にフィード

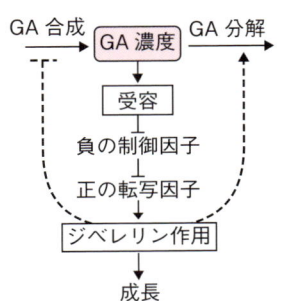

因子の種類	合成酵素	分解酵素	負の制御因子	
変異の種類	欠損	欠損	欠損	優性変異
ジベレリン作用（草丈）	低い	高い	高い	低い
GA や合成阻害剤感受性	感受性	感受性	非感受性	非感受性
体内 GA 濃度	低い	高い	低い*	高い*

*負のフィードバックのため

図 7.4 ジベレリン作用の概要図
合成分解と情報伝達のフィードバックによりジベレリン作用が制御される図式．

バックされ，ジベレリンの生合成が異常となり，生体内のジベレリン濃度も野生型とは異なり，おそらく増加すると予測できる．

このような推論を基にして，イネやシロイヌナズナのジベレリン非感受性変異体の解明が進められ，ジベレリンの情報伝達経路の概要が解明された．その中でもとくに重要な役割を演じた変異体が，イネの *gid1*（*ga-insensitive dwarf 1*）と *slr1*（*slender rice1*）で，その原因遺伝子は *GID1* と *SLR1* である．

現在までの知見を基にして，ジベレリンの合成から作用発現に至るまでの分子過程を単純化して描いた概念図を図7.4に示す．一般に制御装置が正の作用を発揮するには，正の因子を正に制御する方法と，負の因子を負に制御する方法とがありえる．負の因子を負に制御するしくみは，ブレーキ（負の因子）を解除（負に制御）することにより動き出す車の制動装置にたとえることができる．オーキシンの情報伝達は，負の因子を負に制御することにより制御されていたことは6章で述べた通りである．ジベレリンの情報伝達経路も，負の因子の作用を負に制御する（取り除く）ことにより正の作用を発揮していることが明らかになった．

7.2.2 受容体とDELLAタンパク質

GID1 が，ジベレリン受容体をコードしていることは，2005年に松岡らのグループにより実証された．GID1タンパク質は核内に存在する可溶性タンパク質で，活性型ジベレリン（GA_1 や GA_4）とのみ高い親和性を示し，不活性型のジベレリンとは結合しない．

細胞内の活性型ジベレリン濃度が高くなるとGA-GID1複合体ができる（図7.5）．GA-GID1複合体はSLR1という負の制御因子タンパク質と結合してSLR1の負の作用を抑制し，ジベレリン信号の正の作用が引き起こされる．それと同時に，GA-GID1-SLR1複合体はSCF$^{GID2/SLY1}$E3ユビキチンリガーゼの標的となり，SLR1がユビキチン化され，プロテアソームで分解される．

SLR1の欠損変異体である *slr1* では，ジベレリンがなくとも，常にジベレリンによりSLR1が除去されたかのような情報伝達が進み，伸長が促進される．

負の因子であるSLR1はDELLAタンパク質と総称されるbHLH型の転写因子の一種である．N末端側にDELLAモチーフという特徴的なアミノ酸配

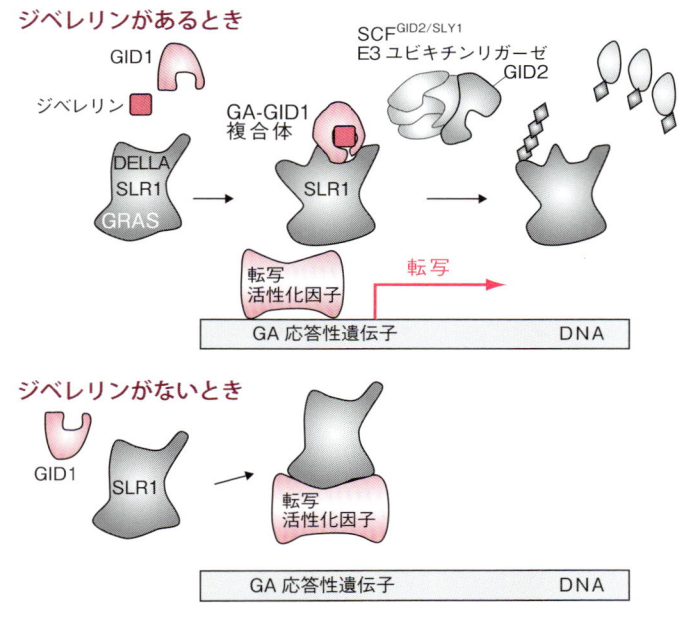

図7.5 ジベレリンの受容と情報伝達
負の因子である DELLA タンパク質は，ジベレリンがないと，C末端側の GRAS ドメインで GA 応答性遺伝子群の転写を抑制するようにはたらく．ジベレリンがあると，ジベレリン受容体 GID1 と結合し，複合体をつくる．複合体は SCF$^{GID2/SLY1}$ に認識され，ユビキチン化を受けて，プロテアソームで分解される．こうして，ジベレリンは DELLA の抑制作用を解除することにより，GA 応答性遺伝子群の転写を促進する．(Hirano et al., 2008；Murase et al., 2008；Ueguchi-Tanaka et al., 2005 を参考に作図)

列をもつことから，その名が付けられている．DELLA タンパク質は，このモチーフを介して，GA-GID1 複合体と結合すると考えられている．受容体がシグナルを受容したのち，負の因子を SCF ユビキチンリガーゼ系によりユビキチン化して分解するしくみは，オーキシンの受容過程とよく似ている．しかし，オーキシンの場合には，F-box タンパク質自体が受容体である点で，ジベレリンの場合と少し異なる．

　アミノ酸が置換されたことにより常に抑制作用を発揮するような変異体を一般にドミナントネガティブ突然変異体という．SLR1 の DELLA 領域のア

ミノ酸が置換されたドミナントネガティブ変異体は，ジベレリンの有無にかかわらず矮性の表現型を示す．このことは，DELLAタンパク質を改変することにより，植物の草丈を自在に制御できることを示している．

一般にイネやコムギなどの穀類は，草丈が低くなると，収量が上がるので，DELLAの情報伝達経路は，穀物の生産性を高めるための分子育種にとっては重要な戦略ポイントである．20世紀中頃に穀物の生産性を向上させるために実施された「緑の革命」という計画の際に作出された半矮性コムギの高収量品種の原因遺伝子の1つは，DELLAタンパク質に関するものであったことが，その後明らかにされている（コラム11参照）．

7.2.3 維管束植物のジベレリン

GID1-DELLAタンパク質を介するジベレリンのシグナル伝達系の原型は，維管束植物の系統樹の基部に位置するシダ植物小葉類のイワヒバの仲間にも存在するが，維管束をもたないヒメツリガネゴケにはない．このことから，ジベレリン情報伝達系は，4億年前にコケ植物とシダ植物が分岐した後に，維管束植物の進化の過程で出現したことがわかる．原始的なGID1/DELLA系は，その後の被子植物の進化の過程で複雑化し，茎伸長や種子発芽において中心的な役割を担う現在の情報伝達系ができあがったと考えられる．

ジベレリンの情報伝達系の基本的な部分は被子植物間でよく保存されているが，植物種による違いも大きい．たとえば，受容体やDELLAタンパク質は，イネやオオムギではいずれも1種類のみであるが，シロイヌナズナには3種類のGID1受容体と，5種類のDELLAタンパク質が存在し，それらの機能は何らかの形で重複している．

5つのシロイヌナズナのDELLAタンパク質のうち，主要なものはGAIとRGAである（図7.6）．これらの負の作用の強さを見るには，ジベレリンを合成できない条件下で，それぞれのタンパク質の機能を喪失した変異体の茎の成長を見ればよい．GAIとRGAをそれぞれ欠損した変異体*gai*と*rga*を，ジベレリン合成に必須のCPS酵素の機能を欠いた*ga1*変異体と掛け合わせ，それぞれの二重変異体の成長を見ると，二重変異体*gai/ga1*では*gai*により抑制作用は解除されないが，二重変異体*rga/ga1*では部分的に抑制が解除

7.2 情報伝達

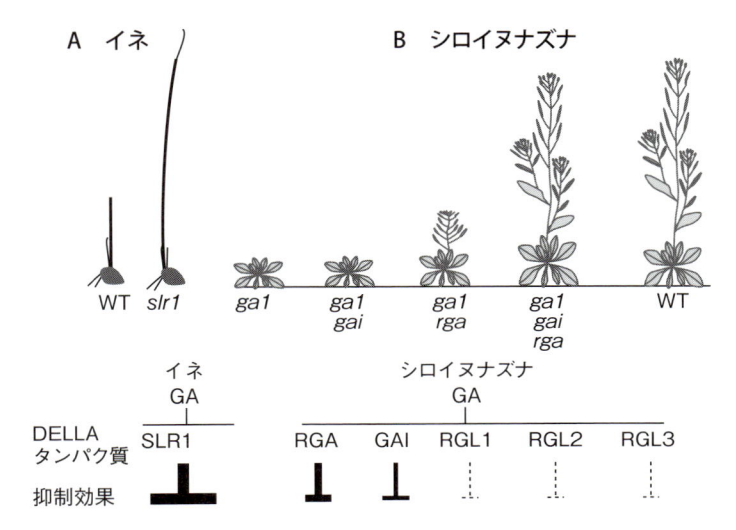

図 7.6 DELLA タンパク質欠損変異体
イネには DELLA タンパク質は 1 つしかないので，欠損するとジベレリンが無くとも成長が促進される．一方，シロイヌナズナには 5 種の DELLA タンパク質がある．そのうち RGA と GAI が主要な負の因子としてはたらく．ジベレリンを合成できない *ga1* は矮性となるが，その変異体と GAI, RGA 遺伝子を欠損した変異体とを掛け合わせて三重変異体にすると，成長が回復する．（A：Ikeda *et al.*, 2001，B：King *et al.*, 2001 をそれぞれ参考に作図）

され，ジベレリンを合成できなくともある程度茎が伸びる．さらに，GAI, RGA と CPS を共に欠損した三重変異体 *gai/rga/ga1* では，野生型と同じように成長が回復する．このことから，少なくとも，茎では GAI と RGA は主要な負の因子であること，両者は機能的に重複していること，RGA は GAI より負の作用が強いことなどがわかる．

DELLA タンパク質である GAI の DELLA 領域のアミノ酸を置換されたドミナントネガティブ変異体では，ジベレリンの有無にかかわらず矮性の表現型を示すことはイネの場合と同様である．

7.2.4 光とジベレリンの情報統合

DELLA タンパク質はその N 末端側に DELLA ドメインという領域をもち，この領域で GA-GID1 複合体と結合することを見てきた．一方，C 末端側に

はGRASドメインと呼ばれる領域があり，この領域を通してGA応答性の遺伝子群の転写を負に制御している．

ジベレリンの制御を直接・間接に受ける遺伝子として，エクスパンシンやXTHなどの細胞壁に作用するタンパク質の遺伝子群，α-アミラーゼやシステインプロテアーゼなどの種子発芽に必須の酵素遺伝子群，さらにジベレリン合成のフィードバック制御にはたらくと考えられるGA20酸化酵素やGA3酸化酵素など，多数の遺伝子が知られる．

DELLAタンパク質がGRASドメインを通して，これら多数の遺伝子の発現を制御するしくみの全体像はなお未解明なところが多いが，フィトクロム結合因子（PIF）というタンパク質を介して，赤色光に応答する遺伝子群の発現を制御する機構が明らかにされている．

一般に陸上植物の後胚発生は，発芽時の光条件により大きく左右される．明所では子葉が展開し，胚軸はほとんど伸びずに本葉が出始めるが，暗所では胚軸が伸長し，フックも展開せず，子葉も開かない．前者を光形態形成，後者を暗形態形成という．これらの反応はフィトクロムBという光受容体により制御される．

PIFはフィトクロムBを介して暗形態形成を促進するはたらきをもつbHLH型の転写因子である．このタンパク質は暗黒下では安定で，暗形態形成に関わる一群の遺伝子の転写を促進するが，明所では，その名の通り，活性型のフィトクロムBと結合して，分解され，転写を促進する機能を失う．その結果，それまで発現していた遺伝子群の発現が停止し，遺伝子発現のモードが光形態形成に切り替わる．つまり，赤い光はPIFのはたらきを抑制して光形態形成を促進する．

DELLAタンパク質は，ジベレリンが存在しないときには，PIFタンパク質と結合し，暗形態形成に関わる一群の遺伝子の転写を抑制するが，ジベレリンが存在すると，GA-GID1を介してユビキチン化され，分解されるため，PIFタンパク質のはたらきを抑制できなくなり，PIFによる転写促進作用が発揮される．このように，ジベレリンのシグナルは，赤色光のシグナルと拮抗的にはたらき，光形態形成を抑制しているのである．すなわち，赤色光の

環境シグナルと，細胞内のジベレリンのシグナルがPIFを介して統合されていることになる．陸上環境下で，光環境に最適化した成長制御を進める維管束植物の生命戦略の特徴がよく表れている．

7.3　成長制御

　ジベレリンは茎伸長の促進，雄しべ分化の促進，種子発芽の促進など，種子植物に固有の形態形成の制御において重要な役割を担う．

7.3.1　α-アミラーゼ遺伝子

　種子発芽においてジベレリンとアブシジン酸が拮抗的にはたらくことは，5.4で見てきたので，ここでは，発芽時の貯蔵物質の分解の際のジベレリン作用について述べることにする．

　胚乳に多量のデンプンやタンパク質，細胞壁糖類を蓄えるイネ目植物の種子では，発芽の際に，胚で合成されたジベレリンが，胚周辺の糊粉層細胞に届き，そこでα-アミラーゼやプロテアーゼ，グルカナーゼなどの加水分解酵素の合成を誘導する．合成された加水分解酵素は胚乳内に分泌され，細胞壁やデンプン，貯蔵タンパク質などを分解し，グルコースやアミノ酸を生成する．こうしてできた糖や窒素化合物が胚盤より吸収され，成長中の幼根や幼芽に輸送される．ここでは，ジベレリンがα-アミラーゼ遺伝子の転写を引き起こすまでの分子過程について，オオムギを例に見ていくことにする．このしくみは，基本的にイネ科に共通である．

　まず，ジベレリンが糊粉層細胞内でジベレリン受容体に結合すると，オオムギのDELLAタンパク質（SLN1）がユビキチン/プロテアソーム系を介して分解される（図7.7）．DELLAタンパク質の負の作用が解除されると，未解明の過程を経てMYB型転写因子遺伝子の転写が促進される．この遺伝子は，ジベレリンにより特異的に誘導されることから*GAMYB*と呼ばれる．そうして誘導されたGAMYB転写因子はα-アミラーゼ遺伝子などのプロモーター領域内に存在する特定のシス配列を認識して，それらの遺伝子の転写を促進する．このシス配列は，ジベレリンの制御を受けるGAMYB転写因子が結合することからGA応答性シス配列（GARE）と呼ばれる．

■ 7章 ジベレリン

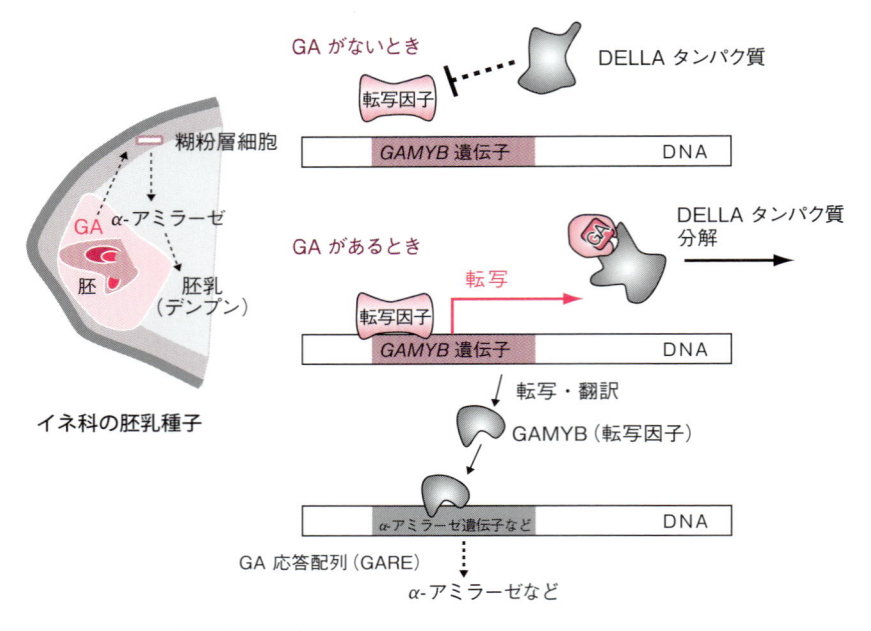

図 7.7 種子発芽時のジベレリンのはたらき
イネの胚で合成されたジベレリンは糊粉層細胞に受容され，GAMYB 転写因子を誘導する．GAMYB 転写因子はアミラーゼ遺伝子の転写を誘導し，その結果，胚乳のデンプンが分解される．

7.3.2 双子葉植物の発芽促進

シロイヌナズナやトマト，レタスなどの無胚乳種子では，吸水後に胚軸や幼根の膨圧が高まり，種皮開裂が促進され，幼根が種皮を破って発芽する．幼根が種皮を破る方式は植物種によりさまざまであるが，トマトの幼根は珠孔（珠皮の開口部の花粉管の通る孔）の周辺を破って現れる．ジベレリンは，この珠孔周辺でマンナナーゼやエクスパンシンなどの細胞壁を軟化させる酵素遺伝子の転写を特異的に誘導する．また，シロイヌナズナの種子は，種皮全体が破れるように発芽が進むが，その際にジベレリンは種皮全域で細胞壁分解に関わるプロテアーゼの発現を促進している．

7.3.3 茎伸長の制御

ウキイネは水中で節間を長く伸ばすイネ科の植物である．その節間成長に

は細胞分裂と細胞伸長が関与し，ジベレリンはその双方を促進する．また，節間分裂組織では，G_1/S と G_2/M の制御に関わる CDK の遺伝子の転写がジベレリンにより促進され，細胞周期の進行を促進している．

タバコでは，茎頂分裂組織の中心からすこし外れた部分（髄状分裂組織や葉原基）でジベレリン合成酵素遺伝子である *GA20ox* の転写が行われ，この部分で細胞分裂と細胞伸長の双方を促進していると考えられる．一方，茎頂分裂組織の中心部の幹細胞ニッチでは，*GA20ox* 遺伝子の転写が局所的に抑制され，ジベレリンが合成されていない．この領域では KNOX1 というホメオボックス転写因子がサイトカイニンの生合成を促進すると同時に，*GA20ox* 遺伝子の転写を直接抑制し，ジベレリンによる細胞分裂や細胞伸長を抑制していることが知られる．これらの事実から考えて，ジベレリンによる細胞分裂の促進は，それに引き続く細胞伸長と連動した過程と考えるのがよいようで，分裂のみを行う幹細胞に対しては，ジベレリンは促進作用をもたないようである．この点でも，ジベレリンのはたらきは器官の伸長促進に特化しているということができる．

7.3.4　表層微小管

表層微小管の配向がセルロース合成を介して細胞伸展の方向を決めることを 4.2.3 で見てきた．ジベレリンは表層微小管の配向の制御と，細胞壁マトリックスの制御の双方を通して，細胞伸長を制御していることを示す実験結果が多数報告されている．

表層微小管は非常に動的で，プラス端で重合すると同時に，マイナス端で分解しながら，プラス端側に伸びる．それだけでなく既存の微小管上の γ-チューブリンが核となり，そこから並行に伸びて束化したり，40°の角度で枝を作って方向を変えることができる（2.3.2 参照）．こうして微小管は常時細胞内を移動している．ジベレリンはこれらの過程を通して，微小管の配向を制御していると考えられているが，詳細な制御の分子過程は不明である．

7.3.5　細　胞　壁

ジベレリンは，エクスパンシンとエンド型キシログルカン転移酵素／加水分解酵素（XTH）のそれぞれのファミリーの特定のメンバーの発現を促進す

コラム 11
緑の革命を起こした遺伝子

　「小麦農林10号」は，1925年に稲塚権次郎が岩手県立農事試験場で交配し，1935年に品種登録した小麦品種である．草丈が低く，穂が大きい「半矮性」という形質をもち，収量が高い．

　太平洋戦争が終結した1945年に，連合軍農業顧問として来日したサーモンは，当時のコムギ遺伝学の権威，木原 均の協力を得てわが国の農業資源を調査，収集し，農林10号を含めた有用な作物種子を米国に持ち帰った．ちょうどそのころ米国で始まった，食糧増産計画の一環としてボーローグは，農林10号を親品種として，高収量性の新品種を育成し，それをメキシコやインド，パキスタンなどで大規模に栽培し，画期的な食糧増産をもたらした．当時，アジアの人口は急増中で「未曾有の食糧危機」が懸念されていたが，ボーローグの品種改良により奇跡的に危機が回避された．この成功は「緑の改革」として賞賛され，ボーローグは1970年にノーベル平和賞を受けている．

　「緑の革命」の主役となった農林10号の半矮性の原因遺伝子 *Rht1* が，ジベレリンの情報伝達を担うDELLAタンパク質の変異によって生じていたことが1999年に明らかにされた．これにより，植物ホルモンの情報伝達因子の遺伝子改変を通して，地球規模の食糧増産が可能であることが，図らずも実証された．それと同時に，ジベレリンに関わる基礎研究と応用の両面で，わが国の貢献がとくに顕著であったことが広く世界に認知されたのは喜ばしいことである．

る．また，エクスパンシンの特定のメンバーの遺伝子発現を高めるとイネの成長が促進され，発現を抑制すると成長が抑制される．一方，XTHファミリーの中のある遺伝子についても，発現を抑制すると，茎葉部の成長が抑制される．これらの遺伝子のプロモーター領域にはジベレリン応答性シス配列（GARE）が見いだされているので，GAMYBを介して，GID1/DELLAによる制御を受けていると考えられる．

この2つの遺伝子ファミリー以外にも，ジベレリンにより転写が制御される細胞壁関連遺伝子が多数存在する．

オーキシンによる伸長成長促進が，ジベレリン作用を介して制御される場合があることを7.1.4で述べた．それらを含め，ジベレリンによる伸長促進とオーキシンによる作用を図7.8に模式図としてまとめる．

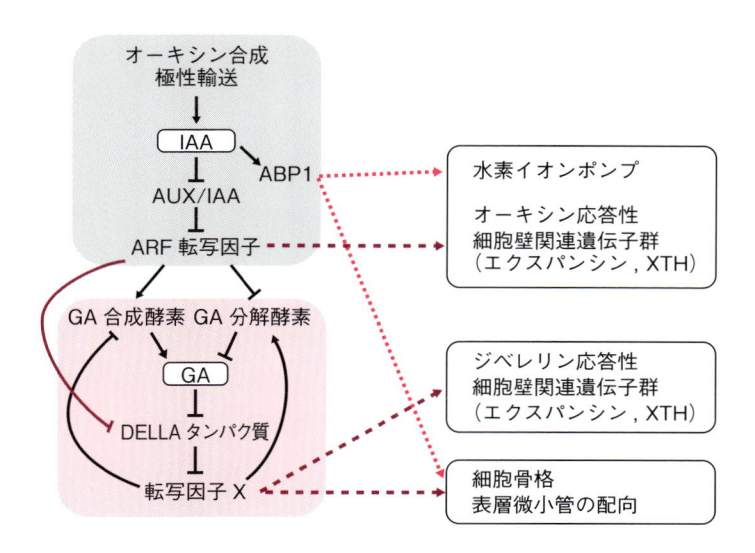

図7.8　ジベレリンとオーキシンによる細胞伸長の制御のモデル
オーキシンとジベレリンはそれぞれ，異なる経路で細胞伸長を促進する．オーキシンは独自の経路で，細胞伸長を促進すると同時に，ジベレリンの合成を促進する．ジベレリンは表層微小管の配向や細胞壁関連遺伝子群の転写を制御することにより細胞伸長を促進すると考えられている．

8章 サイトカイニンとエチレン

　サイトカイニンは細胞分裂や細胞分化を促進するのに対して，エチレンは落葉や果実の成熟を促進する植物ホルモンである．前者はもっぱら，発生初期過程ではたらくのに対して，後者は，分化の終盤ではたらくシグナルである．両者には，分子構造においても，生理作用においても，まったく，共通点を見いだせないが，受容体のタンパク質構造が類似していることから，類縁の情報伝達を介していると考えられてきた．ところが，解析が進むにつれ，よく似た構造の受容体タンパク質でありながら，両者の情報伝達のしくみはまったく異なることがわかってきた．この章では，とくに，その情報伝達のしくみに焦点を当てて，成長・分化における両ホルモンのはたらきを見ていくことにする．

8.1　サイトカイニン

　サイトカイニンは細胞分裂と分化を促進する植物ホルモンとして発見された．

8.1.1　発見の歴史

　サイトカイニンの発見につながる研究は，組織培養の研究として19世紀に始まったことは2.4.3でも述べた．植物組織に傷をつけると，傷口の組織が一次的に細胞分裂を始め，カルスができる．初期の組織培養研究は，もっぱら，このカルスを無限に増殖させる培地の確立を目指したものであった．その結果，1934年にトマトの根端組織片を無限増殖させることのできる人工培地がホワイトにより考案された．

　しかし，ホワイトの培地では，茎の組織を無限増殖させることは難しく，また根の組織から器官を分化させることもできなかった．その頃ちょうど，オーキシンが単離され，それを培地に加えると，カルスの増殖が促進されることがわかった．しかし器官を再生することはできず，細胞分化には，オーキシン以外の因子が必要であると推測された．

ウィスコンシン大学のスクーグらは，ニシン精巣（白子）由来の古くなったDNA標品にタバコ髄のカルスを増殖させる活性があることを見いだし，その活性成分がDNAの変成産物である6-フルフリルアミノプリンであることを1955年に突きとめ，これをカイネチンと名づけた．さらに1957年にはオーキシンとカイネチンの濃度をうまく調整すると，カルスから茎葉と根が別個に分化することがわかった．

カイネチンと同様の作用をもつ天然化合物が1964年にトウモロコシの未熟種子から単離同定され，トウモロコシの属名にちなんでゼアチン（Zeatin）と名づけられた．さらに，ゼアチン以外にも類似の構造と生理活性をもつイソペンテニルアデニンなどの存在が明らかとなり，これらを総称してサイトカイニンと呼ぶことになった．

8.1.2　代謝経路

サイトカイニンは，イソプレン単位とアデニンからなる細胞増殖活性をもつ分子の総称である．その合成経路の中で最も重要なステップは，ジメチルアリル二リン酸のイソペンテニル基をATPまたはADPに転移する過程である(図8.1)．この反応を触媒するのがイソペンテニル基転移酵素(IPT)である．シロイヌナズナには，少なくとも7種のIPTが存在し，それぞれが異なる組織で発現することから，互いに役割を分担していると考えられる．

サイトカイニンは植物の根や未熟種子に比較的多く含まれることは発見に至る研究の段階からよく知られていた．また，道管液の中にもゼアチンの前駆体であるゼアチンリボシドが含まれることから，根で合成されたサイトカイニンの前駆体が道管を通って，地上部に長距離輸送されると考えられる．土壌中の硝酸イオンが，IPT活性を調節することにより，組織内のサイトカイニン濃度を制御していることが知られているので，土壌の栄養状態が，サイトカイニンの長距離輸送を通して，地上部に信号として伝えられていることになる．また，この輸送やIPT活性は，地上部から地下部に極性輸送されるオーキシンなどの因子によっても制御されている．

イソペンテニルアデニンやゼアチンはサイトカイニン酸化酵素（CKX）により側鎖とアデニンに分解され不活性化される　(図8.1)．

■ 8章　サイトカイニンとエチレン

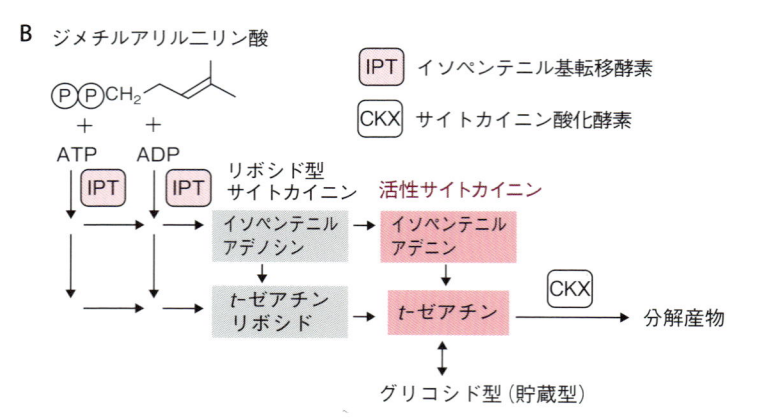

図 8.1　サイトカイニンの合成と分解
(A) 代表的な天然，合成のサイトカイニン．(B) サイトカイニンの代謝経路．サイトカイニンはATPまたはADPとジメチルアリル二リン酸を前駆体として合成される．その律速過程は，イソペンテニル基転移酵素（IPT）による転移反応である．主要な活性サイトカイニンであるイソペンテニルアデニンとt-ゼアチンは，サイトカイニン酸化酵素（CKX）により酸化され，不可逆的に不活性化される．(Miller $et\ al.$, 1955；Kakimoto, 2001；Kamada-Nobusada $et\ al.$, 2009 を参考に作図)

8.1.3　土壌細菌のサイトカイニン

　植物だけでなく，土壌細菌（アグロバクテリウム）や担子菌類などもサイトカイニンを合成する．これらの微生物が植物に感染，あるいは寄生すると，微生物が産生したサイトカイニンの影響で，宿主植物の成長や形態形成が著しく影響を受ける．

　土壌細菌が感染すると根の付け根に近い茎（クラウン）に大きな腫瘍（ゴール）ができる．これをクラウンゴールという．この腫瘍は，土壌細菌の遺伝

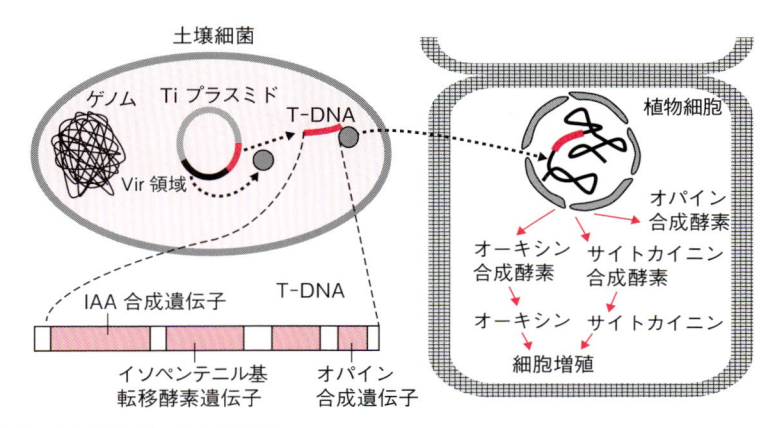

図 8.2　クラウンゴールと T-DNA
土壌細菌が植物組織の傷口から感染すると，細菌がもつ Ti プラスミド中の Vir 領域にコードされるタンパク質のはたらきで，プラスミド内の特定の領域（T-DNA）が植物の細胞核内に輸送され，ゲノム中に組み込まれる．T-DNA 領域はオーキシンとサイトカイニンの合成酵素遺伝子などを含み，これらの遺伝子が宿主の植物細胞内で発現し，植物細胞内で両ホルモンが合成される．その結果，両ホルモンのはたらきで細胞が局部的に増殖し，腫瘍（ゴール）ができる．(Buchanan et al., 2005 を参考に作図)

子のはたらきで植物細胞内でサイトカイニンとオーキシンが過剰に合成されるためにできる組織である．

また，ある種の微生物がサクラやカンバなどの樹木の枝に感染すると，細い枝が多数分岐する病徴を示す．これはサイトカイニンを合成する微生物が植物に感染して起こるもので，テングス病と呼ばれる．天狗の巣という意味で名づけられた名称である．欧米では魔女のほうきという．

植物のサイトカイニン合成経路が実証されるよりも 10 年以上も前に，土壌細菌のサイトカイニンの合成遺伝子や合成のしくみが解明されていた．土壌細菌のサイトカイニン合成遺伝子は，Ti（腫瘍誘導性）プラスミドの中の T-DNA（移動 DNA）領域内に，オーキシン合成遺伝子などと共に存在する．植物に感染すると，Ti プラスミドのはたらきで T-DNA 領域が，細菌のプラスミドから切り離され，植物細胞内に移動し植物ゲノム内に組み込まれる．その結果，植物内で T-DNA 領域の複数の遺伝子が発現し，それらの遺伝子産物のはたらきで，オーキシンとサイトカイニンが合成され，感染部で細胞増殖が起こ

り，腫瘍ができる（図 8.2）．これがクラウンゴールである．

T-DNA を含んだ Ti プラスミドは，植物細胞のゲノムに自身の DNA を挿入するはたらきをもつことから，植物に遺伝子を導入し，形質転換を行うためのベクターとして重宝されている．このベクターなしに植物の形質転換体をつくるのは容易ではない．その意味で，現在の植物科学に最も貢献している生物種はこの土壌細菌であるといっても過言でない．

8.1.4 受容と情報伝達
a. センサーヒスチジンキナーゼ

サイトカイニンの受容体が，細胞膜に局在する CRE1/AHK というセンサーヒスチジンキナーゼであることが，2001 年にわが国の研究者たちにより実証された．シロイヌナズナやトウモロコシにはそれぞれ 3 種類のサイトカイニン受容体が存在する．受容体がホルモン分子と結合する部分をセンサーという．サイトカイニン受容体のセンサー領域は細胞膜の外側に突出し，細胞膜の内側にはキナーゼ領域が突出している（図 8.3）．センサー領域にサイトカイニンが結合すると，キナーゼ領域のヒスチジン残基に結合しているリン酸基がアスパラギン酸残基に転移し，さらに，細胞質ゾル内のメディエーターと呼ばれる別の分子上のヒスチジン残基に移り，それがさらにレスポンスレギュレーター（ARR）と呼ばれる 3 つ目のタンパク質のアスパラギン酸残基に移る．リン酸基が，まるで飛び石の上を動くように，複数のタンパク質上をリレーされていくので，このタイプの情報伝達は，リン酸リレーと呼ばれる．

b. リン酸リレーとレスポンスレギュレーター

メディエーターとレスポンスレギュレーター（ARR）は，1 つの植物体内に複数種含まれる．とくにレスポンスレギュレーターは種類が多く，シロイヌナズナには 22 種存在し，そのはたらきの違いから A 型と B 型に分けられる．A 型 ARR はリン酸を受けとめるレシーバー領域をもつだけであるのに対して，B 型 ARR はレシーバー領域に加え DNA 結合領域をもち，特定の遺伝子群の転写を促進する転写因子としてはたらく．DNA 結合領域は出力領域とも呼ばれる．こうして，細胞外のサイトカイニンのシグナルが，センサー

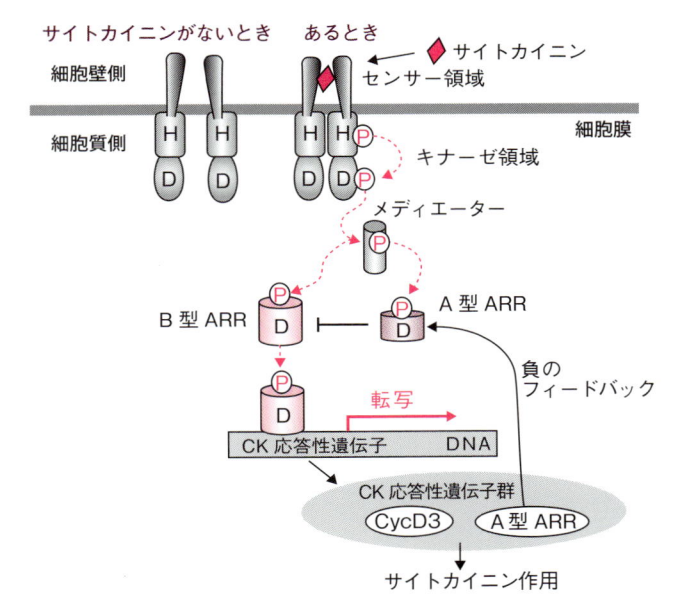

図 8.3　サイトカイニンの受容と情報伝達
サイトカイニンが細胞膜上の受容体のセンサー領域に結合すると，細胞質側のキナーゼ領域のヒスチジン残基（H）からアスパラギン酸残基（D）を介したリン酸リレーが始まり，最終的に，B 型レスポンスレギュレーター（ARR）のアスパラギン酸（D）がリン酸化され，サイトカイニン応答性の一群の遺伝子の発現が誘導される．こうして発現が誘導される遺伝子の中には，A 型 ARR 遺伝子が含まれる．A 型 ARR は，B 型 ARR 遺伝子の転写を制御するはたらきをもち，その結果，負のフィードバックループにより，サイトカイニン作用が調節される．（Inoue *et al.*, 2001；Sakai *et al.*, 2001 を参考に作図）

ヒスチジンキナーゼのはたらきを通して，リン酸基の細胞内リレーという信号に変換され，B 型 ARR を通して，一群のサイトカイニン応答性遺伝子群の発現が促進される．

c. サイトカイニン情報伝達の負のフィードバック制御

　一方，A 型 ARR は B 型 ARR の転写機能を抑制する負の因子としてはたらく．ここで重要なのは，A 型 ARR の遺伝子の発現が，B 型 ARR 転写因子により促進される点である．その結果，サイトカイニン応答性遺伝子群の転写制御は，A 型と B 型の 2 つのレスポンスレギュレーター間の負のフィードバックにより制御されることになる．これは，オーキシンによる転写制御が

ARF転写因子とその抑制因子であるAUX/IAAによる負のフィードバックにより制御されるのとよく似た制御構造である．

d. 二成分系制御系

リン酸がヒスチジンキナーゼからメディエーターを経て，レスポンスレギュレーターまで，複数のタンパク質の上を，飛び石を踏むようにして移動する情報伝達系は，真正細菌，古細菌，菌類に広く見られる．この様式の情報伝達系は，センサー領域を含むヒスチジンキナーゼと最後にリン酸を受け取るレスポンスレギュレーターの2つの基本構成要素からなるので，二成分制御系と呼ばれる．この制御系は，微生物と植物で独自に進化した細胞内情報伝達系のようで，後生動物には見られない．

8.1.5　細胞周期の制御

サイトカイニン酸化酵素の機能が低下したイネの変異体では，サイトカイニン量が高まり，穂の数が増加する．一方，サイトカイニン酸化酵素を過剰に発現したタバコでは，サイトカイニン濃度が低下すると共に，茎頂分裂組織の幹細胞ニッチが縮小して，地上部の器官形成全体が抑制される．このことから，サイトカイニンは茎頂分裂組織の形成維持に重要な役割を担うと考えられる．

シロイヌナズナの3つのサイトカイニン受容体をすべて欠損した三重変異体は著しい矮性を示すことからも，成長制御におけるサイトカイニンの重要性がわかる．しかし，すべてのサイトカイニン受容体を失った三重変異体であっても，小さいながら，個体は死に至らず，茎頂分裂組織が形成・維持されることから，サイトカイニンは，分裂や分化に不可欠というわけではないことがわかる．むしろ，サイトカイニンは細胞増殖の量的制御に関わる必須の因子であると考えるのが適当であろう．

一般に，細胞周期は，植物では多数のCDKとサイクリンにより制御されていることを2.2で述べた．G_1/Sチェックポイントではたらくサイクリンの1つである*CycD3*遺伝子の転写をサイトカイニンが促進する．一般に，カルスから茎葉部を分化させるには，オーキシンとサイトカイニンの双方が必要であることを述べてきたが，*CycD3*を過剰に発現したカルスでは，サイ

トカイニンを与えなくとも，オーキシンのみで茎葉が分化する．このことから，G_1/S チェックポイントでの *CycD3* の転写制御過程が，サイトカイニンの主要な制御点であることがわかる．

8.1.6 頂芽優勢の制御

エンドウの頂芽を除くと，それまで休眠状態にあった腋芽の成長が数時間のうちに始まる．頂芽切除後の切り口にオーキシンを投与すると腋芽の成長は開始しない．逆に，頂芽が存在しても腋芽にサイトカイニンを投与すると，腋芽の成長が始まる．これらの事実より，茎頂より極性輸送されるオーキシンが腋芽周辺でのサイトカイニン作用を何らかの方法で抑制し，腋芽の成長が抑制されていると考えられてきた．この現象は，種子植物に広く見られ，頂芽が腋芽の発生を抑制するという意味で，頂芽優勢と呼ばれてきた．

腋芽周辺組織のサイトカイニン量と，サイトカイニン合成酵素をコードする *IPT* 遺伝子の発現を調べた最近の研究により，茎頂切除後，数時間のうちに *IPT* 遺伝子の発現が促進されること，オーキシンは，その発現を低下させることが明らかにされている（図 8.4）．さらに，地上部の枝分かれの形成の制御には，オーキシンとサイトカイニンの相互作用による制御以外に，根から地上部に輸送されるストリゴラクトンという植物ホルモンが関与することが明らかとなっている（9.4.2 参照）．頂芽優勢と枝分かれは，3 つの植

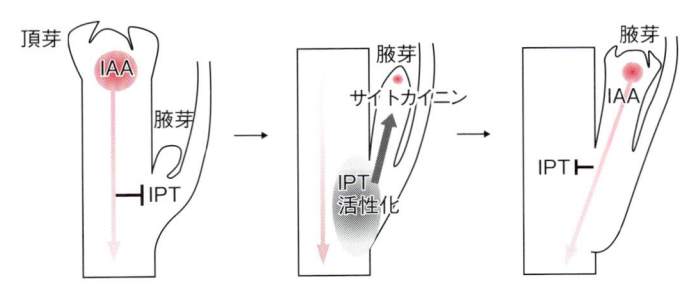

図 8.4　オーキシンとサイトカイニンによる腋芽の制御
頂芽から基部に極性輸送されるオーキシンは腋芽のイソペンテニル基転移酵素 (IPT) の発現を抑制するため，頂芽が存在するとサイトカイニンが合成されず，腋芽の発生が進まない．頂芽を切除すると，オーキシンの流れが途絶え，IPT が活性化し，腋芽の成長が始まる．それと同時に，腋芽でオーキシン合成が始まり，IPT の発現が再び抑制される．（森，2006 を改変）

8.1.7　加齢の抑制と物質の集積

サイトカイニンは，細胞分裂や分化の制御に関わるホルモンとして単離されたものであるが，それ以外に，個体内の栄養素を引き寄せるシンク活性（3.3.5 〜 3.3.6 参照）や，加齢の抑制，葉緑体分化の促進，細胞伸長の抑制などのはたらきがある．たとえば，サイトカイニンを過剰に発現させたタバコの葉は，なかなか老化しない．また，葉の特定の部位にサイトカイニンを含む溶液を塗布すると，その部分にアミノ酸や糖が集積する．これら多岐にわたる作用は，いずれも，サイトカイニンにより誘導される遺伝子のはたらきを通して達成されると考えられている．

8.2　エチレン

エチレンは果実の成熟と器官脱離において中心的な役割を担う気体の植物ホルモンである．

8.2.1　発見の歴史

エチレンは石炭ガスなどに多量に含まれる気体である．1901 年にロシアのネルジュボフは，室内の照明用ガス灯から漏れ出る気体成分が，微量でエンドウ芽生えの茎の異常成長を引き起こすことに気づいた．これがエチレンの研究の始まりである．エチレンによる成長異常として最も顕著なものは，茎が重力屈性を失ったかのように水平方向へ伸びる異常である．それ以外にも，茎の伸長抑制と肥大成長が見られる．1910 年にナイトは，これら 3 つの成長異常を，エチレンによる三重反応と呼んだ．この三重反応は，エンドウだけでなく，多くの被子植物で見られる．

ついで，1934 年にゲインが，数十個のリンゴから発散する気体を何日もかけて集め，発散気体からエチレンを「単離・同定」し，植物がエチレンを生合成することを実証した．ちょうど，ケーグルがインドール酢酸を尿から単離・同定したのと同じ頃である．

8.2.2　合成経路

エチレンはメチオニンから S- アデノシルメチオニン（SAM），1- アミノシ

クロプロパン-1-カルボン酸（ACC）を経て合成される（図8.5）．SAMからACCを生成する過程が，エチレン合成制御の律速過程である．この過程を触媒するACC合成酵素はトマトでは10個，シロイヌナズナでは8個，イネでは5個の遺伝子にコードされる．各遺伝子は発現組織が異なるだけでなく，その発現誘導の様式も異なり，発生プログラムに沿ってオーキシンなどの体内シグナルにより制御されるものと，傷害や低温，乾燥，冠水などの環境シグナルにより制御されるものとがあり，役割分担が明確である．

ACC合成酵素メンバーの中には，C末端側に特異的な配列をもつ一群のグループがある．ETO1という制御タンパク質は，この配列を認識してACC合成酵素に結合し，酵素機能を抑制すると同時に，E3ユビキチンリガーゼを介したプロテアソームでのタンパク質の分解を促すはたらきをもっている．そのため，この酵素の寿命は非常に短い．このしくみで，ACC合成酵素は，翻訳後の酵素活性とタンパク質分解の過程を通して精緻に制御されている．

ACCからエチレンが生成する反応はACC酸化酵素により触媒される．この酵素も複数種存在し，それぞれの発現は，発生プログラムに加え，二酸化

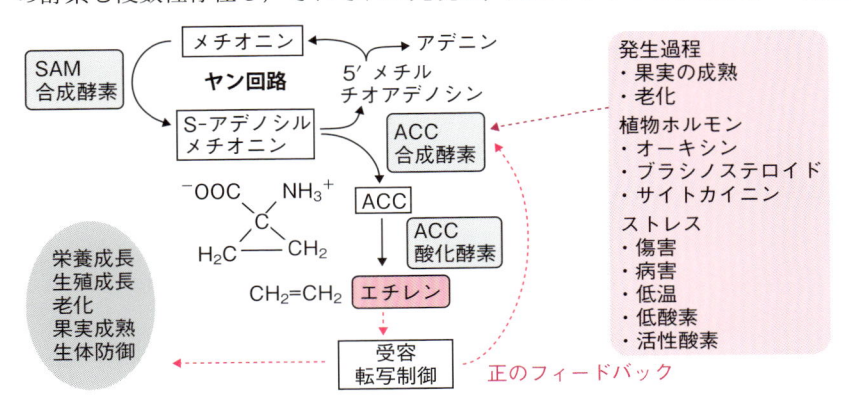

図8.5　エチレンの合成

エチレン合成の律速段階はS-アデノシルメチオニンから1-アミノシクロプロパン-1-カルボン酸（ACC）が生成される過程である．この過程を触媒するACC合成酵素は，発生過程や植物ホルモンの信号，種々の環境ストレスにより制御される．また，エチレン合成は，エチレン信号自身により正のフィードバックをうける．このしくみにより，エチレンは果実の追熟や落葉などの，不可逆的で急激な生体反応を制御するうえで中心的役割を担う．（Lin *et al.*, 2009を参考に作図）

炭素濃度や，低酸素濃度，高温などの環境シグナルの制御を受ける．

果実は一般に，形態形成（成熟）が終了した後に，果肉の軟化などの老化が始まる．この過程を追熟または後熟という．果実の成熟過程では，エチレン合成量はごくわずかである．追熟が始まるとエチレン合成が増加する．

追熟のパターンは，このときのエチレン合成の様式で大きく2通りに分かれる．1つは追熟のある段階で急激なエチレン合成が開始し，それに続いて呼吸や代謝が急激に高まるタイプである．これをクリマクテリック型という．もう1つは，エチレン合成や呼吸の急激な高まりがないまま，徐々に加齢が進行するタイプで，非クリマクテリック型という．リンゴやバナナは典型的なクリマクテリック型で，ミカンやスイカは後者である（図8.7参照）．

クリマクテリック型果実でのエチレン生成の急激な上昇は，ACC合成酵素やACC酸化酵素の発現をエチレンが促進することによる，正のフィードバック制御を介して進む．

8.2.3 受容と情報伝達

1993年に，エチレン存在下でも三重反応を起こさないシロイヌナズナ変異体 etr1 の原因遺伝子がマイエロヴィッツらにより単離され，エチレン受容体をコードすることが判明した．これは初めて実証された植物ホルモン受容体である．その後，シロイヌナズナにはETR1を含め5つのエチレン受容体が存在すること，いずれも小胞体膜に局在する膜貫通タンパク質であることが明らかになった．エチレンは水溶性で，細胞膜も自在に透過できるため，受容体が細胞膜表面にある必要はない．同じ年に，エッカーらが，エチレン受容後の情報伝達に関わる制御因子CTR1をコードする遺伝子を単離した．

エチレン受容体の膜貫通ドメインには銅イオンが結合し，その領域でエチレンを特異的に結合する（図8.6）．銅イオンとよく似た銀イオンがエチレン作用を阻害することが知られているが，これは，銀イオンが，銅イオンを押しのけて受容体と結合し，エチレンの受容を阻害するためである．

ETR1発見につながった etr1 変異体は，エチレン結合能を欠損したタンパク質をつくる変異体であった．この変異体内では，5つのエチレン受容体のうちのETR1以外の4つの受容体は正常である．したがって，ETR1の変異

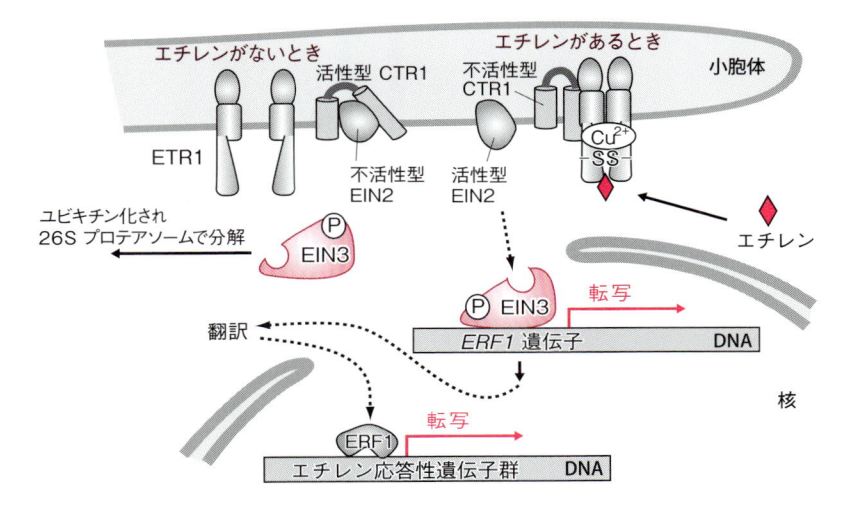

図 8.6　エチレンの受容と情報伝達
エチレンが小胞体膜に局在する受容体に結合すると，小胞体内の負の制御因子 CTR1 が不活性化される．すると，それまで CTR1 に抑制されていた因子群が活性化され，最終的に，EIN3 という正の制御因子の特定のアミノ酸残基がリン酸化により活性化される．活性化した EIN3 は，*ERF1* 遺伝子の転写を誘導し，ERF1 タンパク質ができる．ERF1 も転写因子で，一群のエチレン応答性遺伝子群の転写を誘導する．一方，エチレンがないと，EIN3 は活性化されず，ユビキチン化され，プロテアソームで分解され，*ERF1* 遺伝子の転写は促進されない．（Yoo *et al.*, 2009；Taiz and Zeiger, 2010 を参考に作図）

タンパク質は優性の負の因子としてはたらき，エチレンが存在するときにも，「エチレンが存在しない」という信号を積極的に発信し続け，エチレンがないかのような反応を生じさせていることになる．このような変異を一般にドミナントネガティブということは何度も述べた．このことから，野生型の正常なエチレン受容体では，エチレンが受容体に結合すると，負の作用が解除されることにより，下流にエチレン信号が伝えられていることがわかる．すなわち，ETR1 は情報伝達の負の因子である．これまでの章でオーキシンやジベレリンの受容後の情報が負の因子により伝達されていることを見てきたが，エチレンの情報伝達も基本的に負の情報伝達を介している（6 章，7 章）．

5 つのエチレン受容体のうち，ETR1 を含む 2 つの受容体はセンサーヒスチジンキナーゼ様ドメインをもつ点でサイトカイニン受容体に構造が似てい

るが，他の3つにはヒスチジンキナーゼドメインがない．また，5つの受容体ともに，リン酸リレーにより情報伝達が行われる証拠はなく，エチレンの情報伝達にはヒスチジンキナーゼ活性は関与していない可能性が高い．この点で，エチレンの情報伝達はサイトカイニンのそれとは異なる．

　負の因子であるエチレン受容体にエチレンが結合すると，小胞体内に局在するCTR1という制御タンパク質が不活性型となる．CTR1はタンパク質キナーゼの一種で活性型のときにEIN2という膜結合型の正の制御因子を抑制する．したがってCTR1も負の制御因子である．エチレンのシグナルによりCTR1が不活性型となり負の機能が解除されると，それまでCTR1により抑制されていたEIN2が活性化する．EIN2は正の制御因子で，活性状態になると，核内に存在するマスター転写因子であるEIN3を活性化し，そのはたらきにより，一連のエチレン応答性遺伝子群の発現が促進される．

8.2.4　応答性遺伝子

　マスター転写因子であるEIN3は数種のエチレン応答性転写因子群の遺伝子の転写を直接誘導する．ERF1はその1つである．ERF1を含む少数のエチレン応答性転写因子は，次に多数のエチレン応答性遺伝子群の発現を制御する．これらの遺伝子のプロモーター領域には，特徴的な塩基配列がある．これをエチレン応答性シス配列という．

　このような転写制御を介して調節されるエチレンの生理作用は多岐にわたる．以下，代表的なものを少しあげておく．

8.2.5　果実の追熟の制御

　果実の追熟の過程では細胞壁の構造変化と共に，液胞に糖や芳香成分，アントシアニンなどが蓄積される（図8.7）．とくに重要なのは細胞壁の分解を介して進む果実の軟化である．この過程では，ポリガラクツロナーゼ，ペクチンメチルエステラーゼ，XTHなどの酵素によるマトリックス多糖の分解や修飾が重要な役割を担う．これらの酵素遺伝子はいずれも大きな遺伝子ファミリーを形成し，エチレンはその特定のメンバーの発現を制御している．

8.2.6　葉の老化と器官脱離の制御

　サイトカイニンが葉のシンク機能を高め，老化を抑制するのと対照的に，

図 8.7　クリマクテリック型果実（トマト）の追熟過程
クリマクテリック型果実であるトマトでは，果実の成熟過程が微量のエチレンにより制御される．その後，追熟過程のある時点で急激にエチレン合成が上昇し，同時に，ポリガラクツロナーゼや XTH などの細胞壁分解酵素の分泌や呼吸の急激な上昇が進む．軟化には果肉だけでなく，果皮の細胞壁も重要な役割を担う．（Giovannoni, 2004；Saladié *et al.*, 2006 を参考に作図）

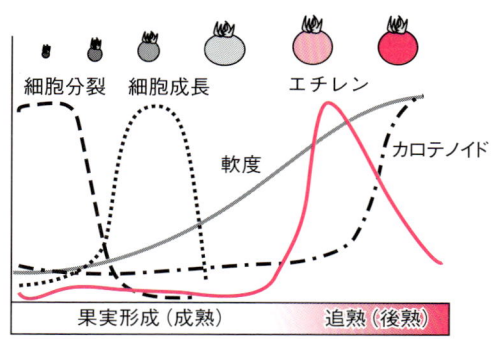

エチレンは葉の老化を促進する（図 8.8）．落葉も，離層のプログラム細胞死によって進む老化過程の 1 つである．エチレンを野生型の植物体に投与すると落葉が促進されるが，エチレンに応答しない形質転換体では，エチレンを投与しても落葉が起こらない．このことから，エチレンが器官脱離の制御において中心的な役割を担っていることがわかる．

一方，葉の中に高濃度のオーキシンが存在するときには，離層形成が抑制されることも知られている．オーキシンの合成や輸送方向の変化などにより，離層形成域のオーキシン濃度が低下すると，離層形成に関わる細胞列（標的細胞群という）がエチレンに応答するようになる．その結果，離層の細胞列でセルラーゼなどの細胞壁分解酵素が誘導され，細胞壁分解が進み，組織の力学的な強度が低下することにより離脱するというモデルが提唱されている．

8.2.7　細胞伸長の制御

エチレン発見につながった芽生えの三重反応は，基本的には細胞伸長に対するエチレンの抑制作用が表れたものである．とくに胚軸が太く，短くなるのは，細胞伸長方向がエチレンにより制御されることを示している．細胞伸長の方向制御は，表層微小管の配向により制御されることは 4.2.3 で見た通りである．シロイヌナズナの胚軸では，表層微小管の向きが伸長軸に対して垂直に配向すると伸長が促進され，平行に向くと抑制される．エチレンは微小管を後者の向きに配向するように作用し，細胞の肥大成長を引き起こす．

■8章　サイトカイニンとエチレン

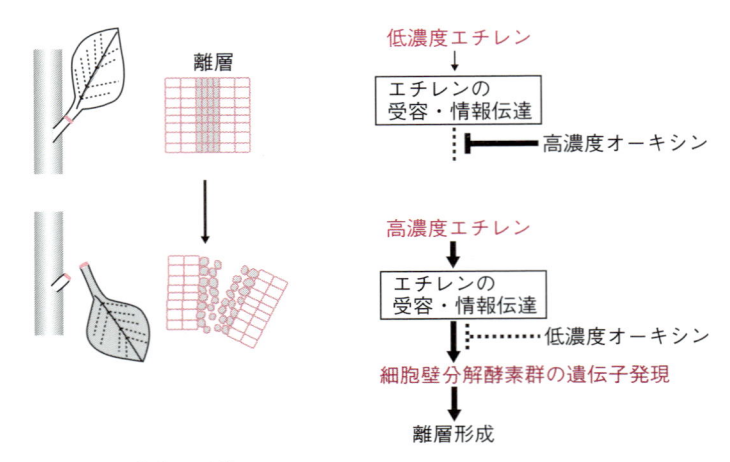

図 8.8　落葉の誘導
エチレンは，離層組織に作用し，離層細胞の細胞壁の分解と軟化を促進する．その結果，離層組織内の細胞が肥大し，同時に細胞間接着がゆるみ，器官脱離にいたる．一方，オーキシンは，離層形成時期まではエチレンの受容や，情報伝達を抑制し，離層組織のエチレンに対する感受性を低めることにより器官脱離を抑制する．離層周辺でオーキシン濃度が低下すると，エチレンの作用が発揮され，離層形成が進む．（Roberts, 2007 を参考に作図）

　一方，水中で生育するウキイネは，冠水するとエチレンの合成が促進され，茎が伸長する．この場合には，逆にエチレンが伸長軸方向への細胞伸長を促進していることになる．微小管の配向に対するエチレン作用が組織で異なるという事実は，微小管配向の制御に至るまでのエチレンの情報伝達経路が細胞伸長制御に関わるほかのシグナルの経路と交信していることを示唆している．

　細胞伸長の制御では，エチレン以外にもジベレリンやオーキシン，さらに次章で述べるブラシノステロイドが，それぞれ重要な役割を担っている．これらの植物ホルモン作用は，いずれも，表層微小管や細胞壁の伸展性を制御することにより細胞成長の方向と速度を制御しているはずである．それらのシグナルが統御されるしくみは今なお不明である．植物の成長のしくみを理解する上で，植物ホルモン間の交信経路の解明が重要なポイントの1つである．

9章 その他の植物ホルモン

 1963年にアブシジン酸（ABA）が同定され，これで古典的な植物ホルモンは出そろったかに見えた．ところが，1979年にブラシノステロイドが，1980年代にジャスモン酸が植物ホルモンとして認知され，21世紀になっても，新規な植物シグナル分子の発見はやみそうにない．9章では，アブシジン酸以下の新しい植物ホルモン類について，とくにその発見の経緯と受容と情報伝達に焦点を当てて見ていくことにする．

9.1 アブシジン酸

9.1.1 発見の歴史

 アメリカのアディコットらは，ワタの落果を促進する物質の探索の過程で単離した物質を，器官脱離（abscission）にちなんでアブシジンと名づけた．一方，イギリスのウエアリングらは，樹木の休眠誘導の研究の過程で単離した成長阻害物質を，休眠（dormancy）にちなんでドルミンと名づけていた．1965年にそれぞれの化学構造が明らかになり，同一化合物であることが判明した．1967年に，協議の末，正式名称をアブシジン酸とすることが決まった．ところが，その後の研究で，器官脱離はもっぱらエチレンにより制御され，アブシジン酸はほとんど関与しないことが判明した．この点で「アブシジン酸」はまぎらわしい名称である．また，もう1つの名称であるドルミンの基になった樹木の休眠誘導作用についても，アブシジン酸は直接には関与しないことが明らかになっている．

 現在，明確になっているアブシジン酸の主要な生理機能は，種子形成の促進，種子発芽の抑制，気孔閉鎖の促進，乾燥耐性の獲得などである．これらのはたらきは，種子植物が大気の乾燥した環境に適応する上で重要なものばかりである．種子植物だけでなく，コケ植物や緑藻にもアブシジン酸の類縁化合物が存在する．そのはたらきは塩ストレスなどの，ストレス応答に関係

9.1.2　合成経路

アブシジン酸の合成は，ジベレリンの場合と同様で，MEP 経路によりピルビン酸とグルタルアルデヒドより，C_5 単位のイソペンテニル二リン酸が合成されるところから始まる（図 9.1）．イソペンテニル二リン酸は次々重合し，C_{15} のファルネシル二リン酸，C_{20} のゲラニルゲラニル二リン酸，C_{40} のゼアキサンチンを経た後，ゼアキサンチンエポキシダーゼ（ZEP）という酵素によるエポキシ化と，9′-シス-エポキシカロテノイドジオキシゲナーゼ

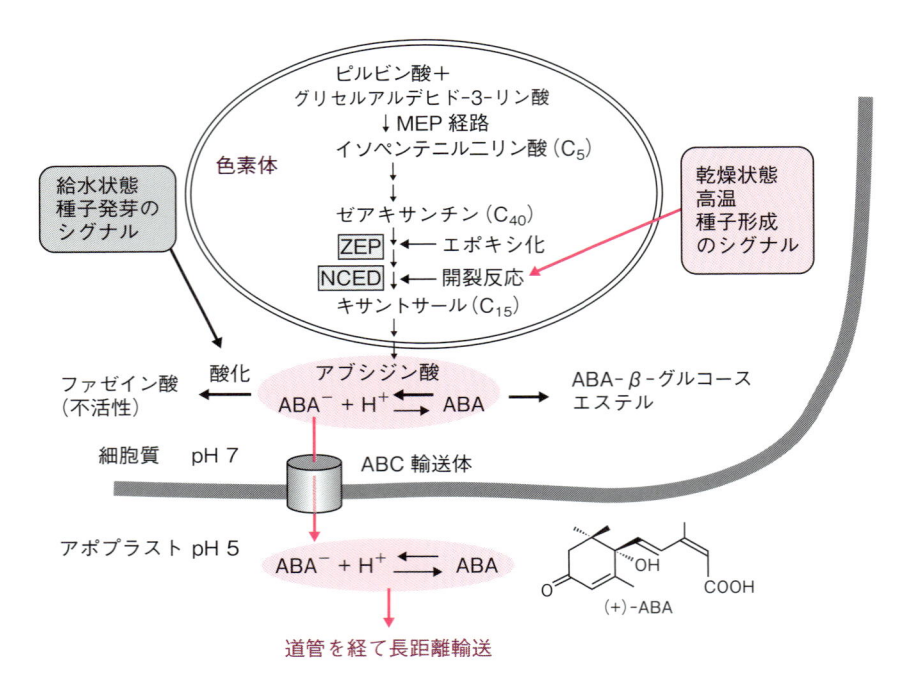

図 9.1　アブシジン酸の合成と長距離輸送
植物体の各器官の色素体内で合成されたキサントサールから，細胞質内でアブシジン酸が合成される．植物が乾燥ストレスを受けるとキサントサール合成が促進されアブシジン酸含量が増加する．一方，給水されると細胞内でアブシジン酸が酸化され，不活性のファゼイン酸になる．アブシジン酸は細胞内では大部分がイオン化しているので，拡散では膜を通過できず，ABC 輸送体によりアポプラスト中に放出される．アポプラストに出たアブシジン酸は，道管を経て地下部から葉まで長距離輸送される．

（NCED）という酵素による開裂反応を経て，C_{15}のキサントサールという前駆体ができる．この過程がアブシジン酸合成の律速過程で，色素体内で進む．キサントサールは色素体から細胞質ゾル内に放出され，最終的にC_{15}のアブシジン酸となる．これらの合成経路の解明には，トウモロコシやシロイヌナズナの胎生発芽変異体や，トマトのしおれ変異体の解析が重要な役割をはたした．

アブシジン酸は酸化酵素により，8位の炭素にヒドロキシ基が導入され，8′-ヒドロキシABA，ファゼイン酸，ジヒドロファゼイン酸へと代謝され不活性化される．また，グルコースがエステル結合してABA-β-グルコースエステルとして貯蔵型にもなる．

アブシジン酸はどの組織でも合成されるが，各組織での合成は発生段階や生理状態により，著しく変動する．たとえば，種子形成の過程では，数日の間に，100倍程度の変動がある．また，葉のアブシジン酸含量は，乾燥ストレスにより数時間のうちに50倍に増加する．これらのアブシジン酸合成の変動は，それぞれの組織でのZEPやNCEDの発現の変化により調節されている．

9.1.3　膜輸送とイオントラップ

ヒマワリが乾燥ストレスを受けると道管内のアブシジン酸が数十倍に増加するが，その増加には，根から供給されるアブシジン酸が大きく貢献している．道管内のアブシジン酸は蒸散流により孔辺細胞に達して，気孔閉鎖の信号としてはたらくことになる．また，組織内のアブシジン酸濃度は，生合成の段階だけでなく，長距離輸送過程でも調節されている．アブシジン酸はインドール-3-酢酸と同様にCOOH基をもつ弱酸である．COOH基は酸性溶液中では非解離型で電荷をもたないため，細胞膜を透過しやすいが，pH7以上になると大部分の分子が解離型のCOO$^-$となるために膜を通過できないのはインドール-3-酢酸と同様である．たびたび述べてきたようにアポプラストは微酸性であるため，細胞外では非解離性の分子の比率が高く，細胞外から細胞内へは細胞膜を通過して移動しやすい．しかし，いったん，細胞内に取り込まれると，細胞質ゾル内はpH7であるので，大部分のアブシジン酸は解離型となり細胞膜を通過できず，細胞内にトラップされることになる．これをイオントラップという．このしくみでアブシジン酸は長距離輸送

の途中で，アポプラストから細胞内へ取り込まれる．

ところが，乾燥ストレスを受けるとアポプラスト（細胞壁や道管内）のpHが高くなるため，長距離輸送途中に葉肉細胞などへイオントラップされにくくなり，蒸散流の終着点である孔辺細胞の表面まで運ばれる比率が高くなる．乾燥ストレス時に葉のアブシジン酸含量が急激に増加するのは，根を初めとする組織内でのABA合成の増加と同時に，輸送時のイオントラップの減少も大きく寄与しているという．

9.1.4　情報伝達の要となる負の因子

タンパク質フォスファターゼ2C（PP2C）ファミリーに属するABI1とABI2が共にABAのシグナル伝達経路の中の負の制御因子としてはたらくことが20世紀末に明らかになった．2009年になって，このPP2CとABAの双方に結合する14種のタンパク質が，2つの研究グループから同時に独立に報告された．14種のタンパク質は，同一タンパク質ファミリーであることが明らかとなり，PYR/PYL/RCARファミリーと呼ばれることになった．そのうちの少なくとも6つのタンパク質はアブシジン酸と結合することが実証されている．このファミリーはSTARTタンパク質と呼ばれるスーパーファミリーに属し，脂質結合領域をもつタンパク質群である．さらにPYR/PYL/RCARとPP2CがABAをはさんで結合した複合体の結晶構造が解かれている．このタンパク質は，現時点でアブシジン酸の受容体としての要件を満たしている唯一のタンパク質群である．

9.1.5　受容機構

現時点での知見をまとめると，アブシジン酸のシグナル伝達は次のようになる．発生プログラムや乾燥ストレスなどの環境要因の制御を受けて合成されたアブシジン酸は主に道管などのアポプラスト経路を介して運ばれ，イオントラップのしくみにより標的器官までの長距離輸送が調節される．そうして，最終的に細胞に取り込まれたアブシジン酸は，受容体であるPYR/PYL/RCARメンバーの1つと結合する（図9.2）．PYR/PYL/RCAR分子のポケットの中にアブシジン酸分子が入ると，PYR/PYL/RCARの立体構造が変化し，PP2Cのフォスファターゼと結合し，その酵素活性を抑制する．

9.1 アブシジン酸

アブシジン酸がないとき

PYR/PYL/RCAR
（受容体）
PP2C
SnRK2
ABF3
不活性

アブシジン酸があるとき

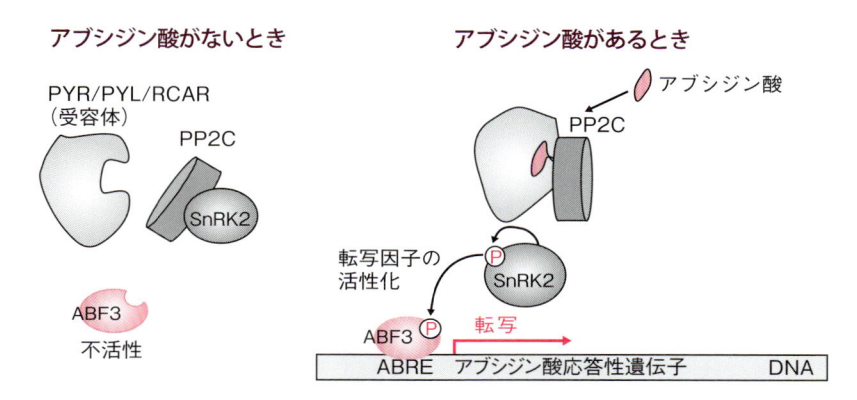

アブシジン酸
PP2C
転写因子の活性化
SnRK2 (P)
ABF3 (P) 転写
ABRE　アブシジン酸応答性遺伝子　DNA

図9.2　アブシジン酸の受容と情報伝達
受容体である PYR/PYL/RCAR にアブシジン酸が結合すると，受容体の立体構造が変わり，アブシジン酸-受容体複合体にタンパク質フォスファターゼ2C（PP2C）が結合する．そうすると，それまで，PP2C と結合し，不活性化されていたタンパク質キナーゼ（SnRK2）が活性化し，bZIP 型転写因子である ABF3 をリン酸化して活性化する．こうして，アブシンジ酸により，一群の遺伝子群の発現が誘導される．（Sheard *et al.*, 2009；Ma *et al.*, 2009；Park *et al.*, 2009 を参考に作図）

そうすると，それまで PP2C により抑制されていた SnRK2 タンパク質キナーゼが活性化される．SnRK2 タンパク質キナーゼは，アブシジン酸応答性シス配列（ABRE）に結合する転写因子 ABF をリン酸化し，活性化する．その結果，アブシジン酸応答性シス配列をもつ一群の遺伝子群の発現が誘導される．

　細胞内のアブシジン酸受容と情報伝達以外に，細胞外からアブシジン酸が作用する可能性は以前より指摘されている．細胞膜上の受容体の存在については，これまで何度も候補タンパク質が報告されてきたが，2010年現在，受容体であることが厳密に実証された膜結合タンパク質はない．アブシジン酸は細胞膜の脱分極や細胞質カルシウム濃度の増加を引き起こすが，これらの作用が細胞内の PYR/PYL/RCAR 受容体を介して制御されているのか，あるいは，細胞膜に局在する未知の受容体や因子を介して制御されているのかは現時点では不明である．いずれ，近いうちに明らかになるであろう．

9.2 ブラシノステロイド

9.2.1 発見の歴史

1970年に米国農務省のミッチェルらはセイヨウアブラナ花粉のエーテル抽出物をインゲンマメの茎に投与すると第二節間の顕著な成長が誘導されることを見いだし，その活性成分を，アブラナの属名（*Brassica*）にちなんでブラッシンと命名した．次に，この活性成分の構造を同定するために，彼らは，ミツバチが集めたセイヨウアブラナの花粉40 kgを養蜂家より購入し，ブラッシンの大量抽出・精製を進め，1979年にその構造を決定し，ブラシノライドと命名した．ブラシノライドは植物からは初めて単離されたステロイドのシグナル分子であった．また，ブラシノライドと類縁のステロイド類が同様の生理作用を示すことから，これを総称して，ブラシノステロイドという．ブラシノステロイドはコケ植物から維管束植物にわたる，すべての陸上植物に存在する．

9.2.2 合成経路

植物の花粉から単離され，構造も同定されたとはいえ，1979年の段階では，ブラシノステロイドを植物ホルモンと呼ぶことに慎重な見方が多かった．ブラシノステロイドが植物ホルモンとして広く認知されるようになるのは，シロイヌナズナ変異体を用いた分子遺伝学的解析により，受容体と代謝経路が解明された1990年代以降である．

もし，ブラシノステロイドが植物の成長を促進するのであれば，その合成経路の酵素を欠損した変異体の表現型には2つの特徴があるはずである．1つは，顕著な矮性を示しながらも，器官形成そのものは進むこと，2つ目は，矮性の表現型が，ブラシノステロイドあるいはその中間代謝産物の投与により回復することである．この2つの特徴を備えたシロイヌナズナの変異体が多数単離された．また，それらの原因遺伝子がコードする酵素の機能も解明され，ブラシノステロイドの生合成経路が一気に明らかとなった（図9.3）．これによりブラシノステロイドが正真正銘の植物ホルモンであることも実証された．

9.2 ブラシノステロイド

図9.3　ブラシノステロイドの合成経路
活性型のブラシノステロイドであるブラシノライドは，植物のステロール合成経路を経て合成される．実際の代謝経路は複線型であるが，図にはシロイヌナズナの主要な経路のみを描いている．これらの過程には多数の酵素が関与する．その多くはシトクロム P450 スーパーファミリーに属する酵素である．これらの酵素を欠損したシロイヌナズナは著しい矮性となる．(Szekeres *et al.*, 1996；Choe *et al.*, 1998；水谷，2007 参照)

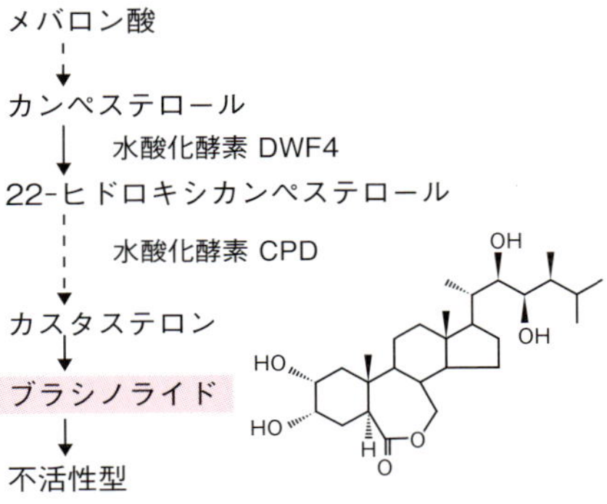

メバロン酸
↓
カンペステロール
↓　水酸化酵素 DWF4
22-ヒドロキシカンペステロール
↓　水酸化酵素 CPD
カスタステロン
↓
ブラシノライド
↓
不活性型

　ブラシノステロイドは，ジベレリンやアブシジン酸と同じテルペノイドで，C_5 の基本骨格から構成されているが，その生合成経路は同じではない．ジベレリンやアブシジン酸は色素体内で MEP 経路を経て合成されるのに対して，ブラシノステロイドは，細胞質ゾル内でメバロン酸経路を経て合成される．この点で，その代謝の起源を異にするシグナル系であるということになる．また，その代謝に関わる酵素の大部分はシトクロム P450 酵素である．

　ブラシノステロイド合成経路の中の CPD や DWF4（図 9.3）などの酵素遺伝子の発現は，ブラシノステロイドにより抑制されることから，合成は負のフィードバック制御を受けていることがわかる．また，他のホルモン同様，分解を制御する代謝経路もあるはずである．この不活性化の過程には，シトクロム P450 のある種の酵素が関わることが明らかにされている．

　ブラシノステロイドは茎頂に最も多く存在する．接ぎ木実験の結果より，ブラシノステロイドが植物体内を長距離移動する証拠はないようである．おそらく，それぞれの組織で局所的に合成され，その場でシグナルとしてはたらいていると考えられる．ブラシノステロイドの合成やシグナル伝達の欠損により地上部の成長が大きく影響を受けることとよく一致している．

9.2.3　受容と情報伝達

　ブラシノステロイド合成酵素の欠損変異はブラシノステロイドの投与により回復するが，受容体などの情報伝達経路を欠損すれば，ブラシノステロイ

■ 9章　その他の植物ホルモン

ドに非感受性になると期待できるのは，他の植物ホルモンと同様である．この推論を基にして 1996 年に，ブラシノステロイド非感受性のシロイヌナズナ変異体が 2 つの研究グループにより独立に単離され，顕著な矮性の表現型を示すことが報告された．この発見が契機となり，その翌年の 1997 年にはその原因遺伝子が同定され，それがコードする BRI1 タンパク質がブラシノステロイドの受容体であることが実証された（図 9.4）．

BRI1 は細胞膜に局在する一回膜貫通型のタンパク質で，細胞外にはロイ

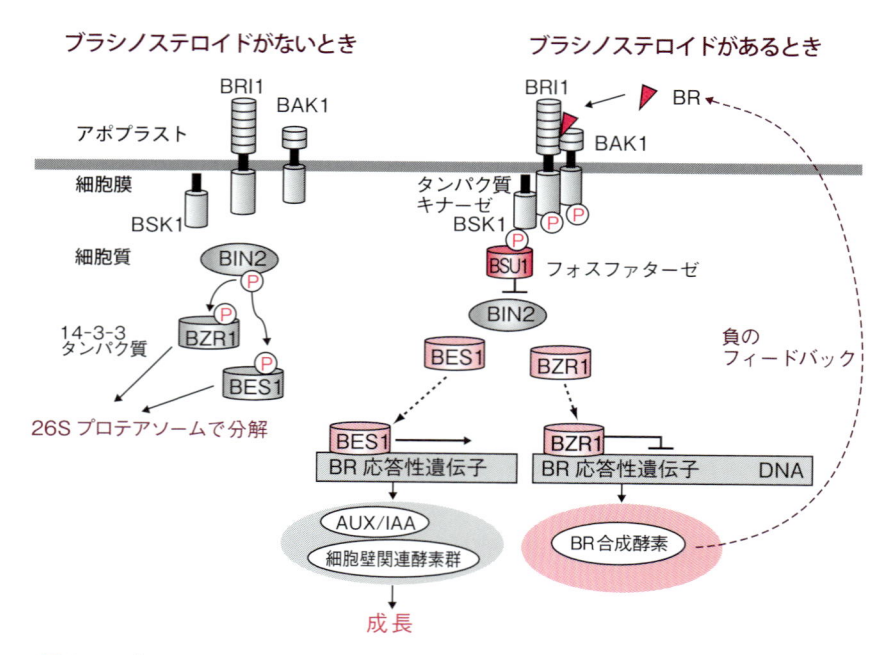

図 9.4　ブラシノステロイドの受容と情報伝達
受容体である BRI1 にブラシノステロイド（BR）が結合すると BRI1/BAK1/BR の複合体を作り，タンパク質キナーゼ（BSK1）のはたらきを介して，フォスファターゼ（BSU1）が活性化される．BSU1 は負の制御因子である BIN2 の作用を抑制する．そうすると，それまで，BIN2 により不活性化されていた転写因子 BZR1 や BES1 が活性化され，BR 応答性の一群の遺伝子が発現する．BES1 により転写が促進される遺伝子には，オーキシンの情報伝達を負に制御する *AUX/IAA* などが含まれる．BZR1 はブラシノステロイド合成遺伝子の転写を抑制し，負のフィードバック作用を示す．（Clouse *et al.*, 1996；Kim *et al.*, 2009；Li *et al.*, 2005；Li *et al.*, 1997 を参考に作図）

シンくり返し配列（LRR）ドメインをもち，細胞内にはセリン・トレオニン型のキナーゼドメインをもつ．ブラシノステロイドの受容には，BRI1と構造のよく似たBAK1という膜タンパク質が必要であることもわかった．BAK1もLRR型のセリン・トレオニンキナーゼであるが，細胞外のLRR型ドメインが短い点が異なる．

LRR型の受容体は植物では珍しくないことは，何度も見てきた．茎頂分裂組織の維持に関わるCLV1や，本書では扱わないが病原体関連分子パターン（PAMPs）を認識して，植物の免疫の制御に関わる受容体なども同じタンパク質ファミリーに属する．

BRI1は，細胞膜外のロイシンくり返し配列領域内の特定の部分でブラシノステロイドを結合する．BRI1にブラシノステロイドが結合すると，BRI1はBAK1とヘテロダイマーをつくり，細胞内セリン・トレオニンキナーゼドメインのはたらきにより，BSK1という細胞質中のタンパク質キナーゼをリン酸化する．リン酸化されたBSK1はBSU1というフォスファターゼと結合して，BIN2という別のセリン・トレオニンキナーゼを不活性化する．

一方，ブラシノステロイドの信号がないときはBIN2はリン酸化され，活性化された状態にあり，BZR1とBES1という転写因子をリン酸化し，26Sプロテアソームによる分解を促進する作用をもつ．したがって，BIN2は負の制御因子ということになる．ブラシノステロイドの信号によりBIN2が不活性化されると，BZR1やBES1はリン酸化されることがなくなり，分解されずに核内に移行し，それぞれ，転写因子として，一群のブラシノステロイド応答性遺伝群の転写を制御し，ブラシノステロイドの作用が発揮される．

9.2.4 応答性遺伝子

ブラシノステロイドの生理作用は，茎の成長促進以外にも，イネでは葉身と葉鞘の接続部位（ラミナジョイント）の角度を制御する組織の細胞伸長など，葉の形態の制御に関わる．また，管状要素の分化においてブラシノステロイドが必須の役割を担うことは5.5.5で述べた通りである．

ブラシノステロイドのこれらの生理作用はマスター転写因子であるBZR1とBES1に制御される遺伝子群のはたらきにより発揮される．

■ 9章　その他の植物ホルモン

　特定の組織内で発現している全 mRNA や全タンパク質の種類と数量を，一度の分析で測定する研究手法を，それぞれトランスクリプトーム解析，プロテオーム解析という．この方法で，ブラシノステロイドにより転写が制御される遺伝子を調べると，ブラシノステロイドの合成遺伝子の発現が BZR1 を介してブラシノステロイドにより抑制されていることがわかる．これは，合成の調節の際に述べた負のフィードバックの分子基盤となるしくみである．

　ブラシノステロイドにより制御される主要な遺伝子群には，XTH などの細胞壁をつくる酵素や AUX/IAA などのオーキシン作用の調節因子の遺伝子が非常に多い．これらの分子は，ブラシノステロイドがオーキシンとの相互作用により細胞伸長を誘導するしくみに関わるものと思われる．ブラシノステロイドやオーキシン，ジベレリンにより制御される膨大な遺伝子群の機能の総体が統御されるしくみは，成長のしくみを理解するうえで重要な点であるが，多くは未解明で今後の課題である．

9.3　ジャスモン酸

9.3.1　生理作用と代謝

　ジャスモン酸は，ジャスミンの花から得られる香気成分として古くより知られていたが，この分子が植物界に普遍的に存在し，植物ホルモンとしての役割を担うことが明らかとなったのは 1980 年代以降のことである．

　ジャスモン酸の顕著な生理作用の 1 つはストレスに対する植物の抵抗性反応を高めることである．植物が紫外線やオゾンなどの環境ストレスや病傷害を受けると，それに対する防御反応として，組織内で活性酸素種が過剰となり，それ自体が植物にとって大きなストレスとなる．これを酸化ストレスという．ジャスモン酸は，この酸化ストレスに応答して，アスコルビン酸のような抗酸化物質を蓄積し，過剰の活性酸素を除去し，細胞死を抑制し，植物のストレス抵抗性を増す際のシグナルとしてはたらいている．

　ストレス抵抗性反応以外にも，ジャスモン酸は，葯の裂開時などに必要な細胞死の制御を通した発生過程の制御に必須のシグナルとしてはたらく．

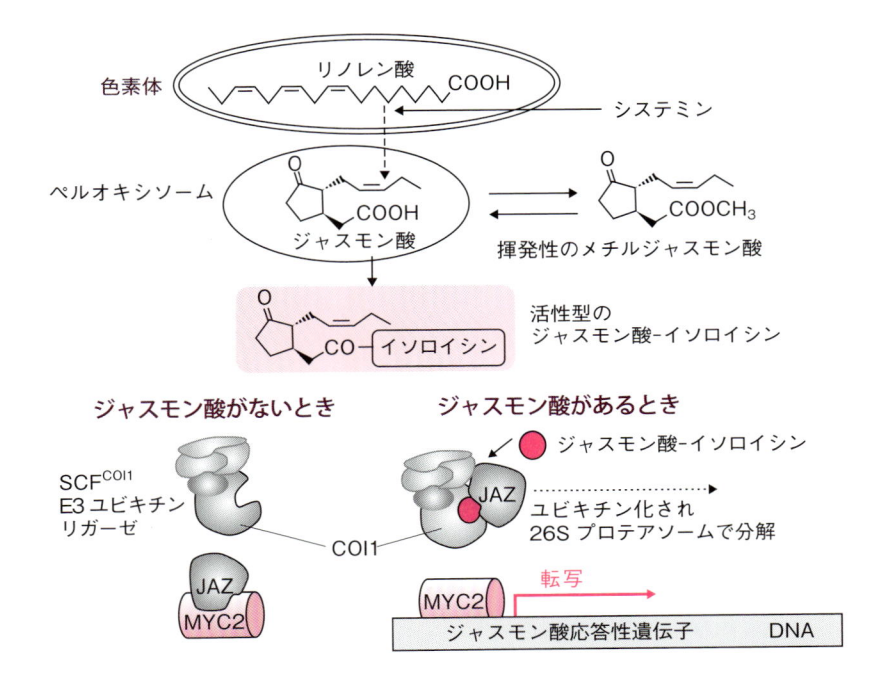

図 9.5　ジャスモン酸の合成と情報伝達
　ジャスモン酸（JA）は色素体とペルオキシソームを経て合成され，細胞質ゾル内でイソロイシンと結合して活性型となる．活性型 JA は SCF^{COI1} E3 ユビキチンリガーゼの COI1 と JAZ を接着するように複合体をつくり，JAZ はユビキチン化され，プロテアソームにより分解される．その結果，それまで，JAZ により抑制されていた転写因子 MYC2 が活性化され，ジャスモン酸応答性の一群の遺伝子の転写が開始する．（Thines et al., 2007；Chini et al., 2007；Chini et al., 2009；Somers et al., 2009 を参考に作図）

　ジャスモン酸を植物体に投与することにより，植物の成長をさまざまに調整できることが最近明らかとなってきた．その生理作用は，なお未解明の部分が多いが，他の植物ホルモンとの相互作用を介して，植物の成長全般に関わるシグナル分子としてはたらいていると考えられる．
　ジャスモン酸の生合成はシステミンという分泌性ペプチドによる長距離のシグナル伝達を介して色素体内で始まる（表 6.1，図 9.5 参照）．ジャスモン酸は動物ホルモンであるプロスタグランジンに似た構造の分子で，葉緑体の

膜成分由来のリノレン酸やヘキサデカトリエン酸を出発物質として，ペルオキシソーム内での酵素反応を経て合成される．合成されたジャスモン酸は，細胞質ゾル内でメチル化され，揮発性のメチルジャスモン酸となる．このしくみで，生体内の特定の部位でストレス応答への反応として分泌されたシステミンの信号が，揮発性のジャスモン酸のシグナルに変わり，全身に伝えられることになる．システミンは，全身性（systemic）という意味で付けられた分子名である．

9.3.2 受容と情報伝達

シロイヌナズナの F-box タンパク質である COI1 がジャスモン酸の情報伝達に関わることが 1998 年に明らかにされ，ジャスモン酸の情報伝達もユビキチン - プロテアソーム系による負の制御因子の分解を通して制御されることが判明した．ついで，2007 年に，ZIM ドメインという特徴をもつリプレッサータンパク質が，ジャスモン酸存在下で COI1 と相互作用することが見いだされ，JAZ ファミリーと名づけられた．また，JAZ タンパク質が，MYC2 という正の転写因子のはたらきを抑制することも明らかとなった．

これらの知見を基にして，ジャスモン酸の受容と情報伝達については，現在，つぎのようなモデルが考えられている．ジャスモン酸やメチルジャスモン酸が標的細胞内に入ると，活性型のジャスモン酸誘導体に変わる．ジャスモン酸 - ロイシン結合体（JA－Lle）はその 1 つである．活性型ジャスモン酸が E3 ユビキチンリガーゼの SCF^{COI1} の COI1 と結合すると，活性型ジャスモン酸を介して COI1 と JAZ が結合し，JAZ がユビキチン化され，26S プロテアソームにより分解される．そうすると，それまで，JAZ により抑制されていた MYC2 という転写因子の抑制が解除され，活性化された MYC2 がジャスモン酸応答性遺伝子群の発現を誘導する．このしくみは，オーキシンの $SCF^{TIR/AFB}$，AUX / IAA，ARF を介した情報伝達系によく似ている．

シロイヌナズナでは，MYC2 の転写制御はエチレンに応答する転写因子 ERF1 と相互作用することが実証されている．ジャスモン酸のシグナルとエチレンのシグナルが，この経路を介して交信していることになる．

9.4 ストリゴラクトン

9.4.1 発見の歴史と生理作用

側枝の形成は腋芽の形成，休眠，発芽のステップを追って進み，腋芽の休眠の制御には茎頂から輸送されるオーキシンと腋芽近傍で合成されるサイトカイニンが重要な役割を担うとされてきた．この現象を頂芽優勢ということは8.1.6で見てきた．

一方，エンドウやシロイヌナズナでは，側枝の数が増加する変異体の研究が古くより進められてきた．それらの変異は，オーキシンやサイトカイニンのはたらきだけでは説明できず，根由来の未知のシグナルが側枝形成を制御している可能性が示唆されていた．2003年にシロイヌナズナ変異体 *max4* とエンドウの変異体 *rms1* の原因遺伝子がクローニングされ，両遺伝子共に，カロテノイド酸化開裂酵素（CCD8）というタンパク質をコードしていることが明らかとなった．

9.4.2 合成経路と情報伝達

これらの知見に基づいて，2008年に日本とフランスのグループが，それぞれ，イネとエンドウのカロテノイド酸化開裂酵素欠損変異体を解析し，これらの変異体では，根でストリゴラクトンという一群の分子種が欠失してい

図 9.6 ストリゴラクトンとオーキシン，サイトカイニンによる腋芽分化の抑制

ストリゴラクトン（SL）は根で合成され，道管を経て地上部に輸送され腋芽の形成を抑制する．同時に，土壌中に拡散し，アーバスキュラー菌根菌の共生を促進し，根の養分供給効率を高める．SL合成は，土壌栄養が欠乏すると促進されるので，根の状態を地上部に伝える長距離シグナルとして機能している．また，SLは頂芽からのオーキシンにより合成が促進されるので，オーキシンによる頂芽優勢における抑制因子としての役割も担う．(Gomez-Roldan *et al.*, 2008；Umehara *et al.*, 2008 参照)（図 8.4，コラム 12 参照）

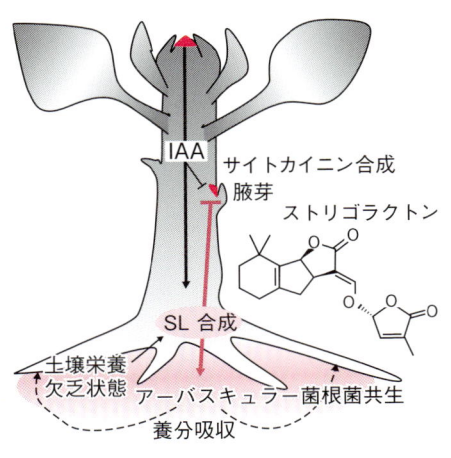

コラム 12
根から茎への信号

　ストリゴラクトンは，側枝の制御に関わる植物ホルモンとしての機能が判明する半世紀近く前から，実はよく知られていた分子である．
　ハマウツボ科 *Striga* 属の種子は直径が 0.3mm 程度と小さく，宿主植物の根の上で発芽すると，幼根を宿主植物の維管束に挿入して，栄養を横取りして成長する．このとき，宿主植物からある種の分子が分泌され，*Striga* 属の発芽を誘導していることが 1966 年に解明され，*Striga* に因んでストリゴールと命名されていた．しかし，なぜ，わざわざ宿主が寄生植物の発芽を誘導する分子を出すのかは不明であった．この疑問はストリゴラクトンの本来の役目が，土壌中の微生物と共生関係を築くためのシグナルであることが判明して氷解した．寄生植物は微生物と宿主の通信を盗聴して，ちゃっかり寄生していたのである．
　植物の根のアポプラストと土壌を含む領域を根圏という．根圏に生息する微生物には根粒菌や土壌細菌のように植物に直接，寄生または共生するものが少なくない．アーバスキュラー菌根菌は根圏に生息する絶対共生菌の 1 つで，植物組織内の糖を利用する恩恵を受ける一方，リン酸などの無機養分を土壌から吸収し，植物に供給することで共生関係を築いている．
　根から分泌されるストリゴラクトンは，アーバスキュラー菌根菌の菌糸の分枝を促進させ，共生を促進するはたらきがある．一方，根でのストリゴラクトンの生産は，土壌のリン酸などの無機栄養分が欠乏すると著しく増加する．したがって，植物は土壌の栄養が欠乏すると，ストリゴラクトンを根から土壌中に分泌してアーバスキュラー菌根菌を呼び寄せ，共生菌を増やし，土壌からの養分吸収を促進することになる．それと同時に，植物は道管を介して，ストリゴラクトンを地上部に長距離輸送し，側枝形成を抑制することにより，栄養飢餓状態に順応した成長モードに切り替えているのである．土壌という陸上に固有の生存環境に適応するための巧妙な成長調節のしくみの 1 つである．

9.4 ストリゴラクトン

ることを見いだした．この結果より，正常な植物では，根でカロテノイドより合成されるストリゴラクトンが茎に移動し，側枝の分化を抑制していると結論された（図9.6）．

また，茎頂から輸送されるオーキシンが枯渇すると，ストリゴラクトンの合成に関わるCCD8などの酵素の発現が減少することも明らかとなった．この結果は，頂芽優勢のしくみを，頂芽由来のオーキシンと，根で合成され，腋芽に輸送されるストリゴラクトンの相互作用として説明できる点で重要な知見である．

ストリゴラクトンに対して非感受性のイネやエンドウ，シロイヌナズナの変異体では，ストリゴラクトンが十分に合成されているにもかかわらず，側枝が増加する表現型が見られる．これらの原因遺伝子は，いずれもF-boxタンパク質をコードしている．もし，これが受容や情報伝達に関わる因子であるとすれば，ストリゴラクトンの情報伝達も，ジベレリンやオーキシンなどと同様にE3ユビキチンリガーゼを介して負の因子の作用を取り除く方式である可能性が高い．受容体は近いうちに同定されるであろうから，全体像の解明も近い．

参考文献

Albersheim, P. *et al.* (2010) "Plant Cell Walls" Garland Publishing, New York.

Bowman, J. ed. (1994) "Arabidopsis" Springer., New York.

Buchanan, B. B. *et al.* eds. (杉山達夫 監修) (2005)『植物の生化学・分子生物学』学会出版センター .

Cronk, Q.C. B (2009) "The Molecular Organography of Plants" Oxford Univ. Press, Oxford.

Evert, R. F. (2006) "Esau's Plant Anatomy" 3rd Ed., Wiley-Liss, Hoboken.

Fry, S. C. (2001) "The Growing Plant Cell Wall" Blackburn Press, Caldwell.

Gifford, E. M., Foster, A. S. (長谷部光泰ら 監訳) (2002)『維管束植物の形態と進化』文一総合出版 .

Graham, L.E. (渡邊　信・堀　輝三 訳) (1996)『陸上植物の起源』内田老鶴圃 .

星川清親 (1975)『解剖図説 イネの生長』農山漁村文化協会 .

Howell, S. H. (1998) "Molecular Genetics of Plant Development" Cambridge Univ. Press, Cambridge.

福田裕穂 編 (2001)『成長と分化』朝倉書店 .

飯田　格 (1980) 植物の化学調節 , **15**: 135-136.

岩淵雅樹・篠崎一雄 編 (2001)『植物ゲノム機能のダイナミズム』シュプリンガー・フェアラーク東京 .

加藤雅啓 編 (1997)『植物の多様性と系統』裳華房 .

加藤　潔ら 監修 (2003)『植物の膜輸送システム 』秀潤社 .

小柴共一ら 編 (2006)『植物ホルモンの分子細胞生物学』講談社 .

黒岩常祥ら (2008)『細胞』朝倉書店 .

Lack, A. J., Evens, D. E. (岩淵雅樹 監訳) (2002)『植物科学キーノート』シュプリンガー・フェアラーク東京 .

Leyser, O., Day, S. (2002) "Mechanisms in Plant Development" Wiley-Blackwell, Oxford.

町田泰則・福田裕穂 監修 (2000)『植物細胞の分裂 』秀潤社 .

増田芳雄 (1986)『植物の細胞壁』東京大学出版会 .

増田芳雄 (1988)『植物生理学 改訂版』培風館 .

増田芳雄 (1992)『植物学史』培風館 .

増田芳雄 監修 (2007)『絵とき植物生理学入門 改訂2版』オーム社.

三村徹郎・鶴見誠二 編著 (2009)『植物生理学』化学同人.

Mohr, H., Schopfer, P. (網野真一・駒嶺 穆 監訳) (1998)『植物生理学』シュプリンガー・フェアラーク東京.

長田敏行 (2008) 遺伝, **62**(1): 84-88.

長田敏行・内宮博文 編 (1994)『植物の遺伝子発現』講談社.

Nagata, T., Hasezawa, S. eds. (2004) Biotechnology in Agriculture and Forestry 53 "Tobacco BY-2 Cells" Springer, Heidelberg.

西村幹夫 編 (2002)『植物細胞』朝倉書店.

Nobel, P. S. (2009) "Physicochemical and Environmental Plant Physiology" 4th Ed., Academic Press, Oxford.

野並 浩 (2001)『植物水分生理学』養賢堂.

岡田清孝ら 編 (2002)『植物の形づくり』共立出版.

Raven, P. H. *et al.* (2004) "Biology of Plants" 7th Ed., W. H. Freeman & Co., New York.

Roberts, K. (2008) "Handbook of Plant Science" Vol.1, 2, John Wiley & Sons, Inc., West Sussex.

桜井直樹ら (1991)『植物細胞壁と多糖類』培風館.

桜井英博ら (2008)『植物生理学概論』培風館.

「植物の軸と情報」特定領域研究班 (2007)『植物の生存戦略』朝日新聞社.

種生物学会 編 (吉岡俊人・清和研二 責任編集) (2009)『発芽生物学』文一総合出版.

島本 功ら 監修 (2005)『モデル植物の実験プロトコール』秀潤社.

Taiz, L., Zeiger, E. (2006) "Plant Physiology" 4th Ed., Sinauer Associates, Inc., Sunderland.

Taiz, L., Zeiger, E. (西谷和彦・島崎研一郎 監訳) (2004)『テイツ/ザイガー植物生理学 第3版』培風館.

高橋信孝・増田芳雄 編 (1994)『植物ホルモンハンドブック』上・下, 培風館.

田村三郎 (1969)『ジベレリン』東京大学出版会.

Tyree, M. T., Zimmermann, M.H. (内海泰弘・古賀信也・梅林利弘 訳) (2007)『植物の木部構造と水移動様式』シュプリンガー・ジャパン , p. 49.

Verbelen, J-P., Vissenberg, K. eds. (2006) "The Expanding Cell" Springer, Heidelberg.

Wildman, S. G. (1997) Plant Growth Regul., **22**: 37-68.

引用文献

1章

Dobzhansky, T. (1973) Am. Biol. Teach., **35**: 125-129.
Flindt, R. (浜本哲郎 訳)(2007)『数値でみる生物学』シュプリンガー・ジャパン , p. 132.
Graham, L. E. *et al.* (2000) Proc. Natl. Acad. Sci. USA, **97**: 4535-4540.
長谷部光泰 (2007)『植物の進化』清水健太郎・長谷部光泰 監修 , 秀潤社 , p. 69.
Hidema, J. *et al.* (2000) Plant Cell, **12**: 1569-1578.
堀口健雄 (2010)『生物学辞典』石川　統・黒岩常祥・塩見正衞・松本忠夫・守　隆夫・八杉貞雄・山本正幸 編 , 東京化学同人 , p. 1397.
西田治文 (2000)『植物の系統』岩槻邦男・加藤雅啓 編 , 東京大学出版会 , p. 88.
Stevens, P.F. (2011) Angiosperm Phylogeny Website. (http://www.mobot.org/MOBOT/research/APweb/)
テオプラストス (森　進一 訳)(1982)『人さまざま』岩波書店 .
テオプラストス (大槻真一郎・月川和雄 訳)(1988)『テオプラストス植物誌』八坂書房 .

2章

Inzé, D. *et al.* (2006) Annu. Rev. Genet., **40**: 77-105.
Lucas, W. J., Lee, J. Y. (2004) Nat. Rev. Mol. Cell Biol., **5**: 712-726.
Murashige, T. C., Skoog, F. (1962) Physiol. Plantarum, **15**: 473-497.
Murata, T. *et al.* (2005) Nat. Cell Biol., **7**: 961-968.
Nakamura, M. *et al.* (2010) Nat. Cell Biol., **12**: 1064-1070.
Ramachandran, V., Chen, X. (2008) Trends Plant. Sci., **13**: 368-374.
Raven, P. H. *et al.* (2005) "Biology of Plants" 7th Ed., W. H. Freeman & Co., New York, p. 66.
Riechmann, J. L. *et al.* (2000) Science, **290**: 2105-2110.
Sanchez, M. L. (2008) Semin. Cell Dev. Biol., **19**: 537-546.
Saze, H, *et al.* (2008) Science, **319**: 462-465.
Sugimoto-Shirasu, K., Roberts, K. (2003) Curr. Opin. Plant Biol., **6**: 544-553.
Sugimoto-Shirasu, K. *et al.* (2005) Proc. Natl. Acad. Sci. USA, **102**: 18736-18741.
Suzuki, M. M., Bird, A. (2008) Nat. Rev. Genet., **9**: 465-476.
Tsukaya, H. (2008) PLoS Biol., **6**: 1373-1376.
Zhang, H. *et al.* (2011) Nuc. Acid Res., **39**: D1114-D1117.

3章

Evert, R. F., Eichhorn, S. E. (2006) "Esau's Plant Anatomy" 3rd Ed., John Wiley & Sons, Inc., Hoboken, p. 380.
Gaxiola, R. A. *et al.* (2007) FEBS Lett., **581**: 2204-2214.
Ludwig, R. (2001) Angew. Chem. Int. Ed., **40**: 1808-1827.
Nobel, P. S. (2009a) "Physicochemical and Environmental Plant Physiology" 4th Ed., Academic Press, Inc., Oxford, p. 481.
Nobel, P. S. (2009b) "Physicochemical and Environmental Plant Physiology" 4th Ed., Academic Press, Inc., Oxford, p. 484.
Pedersen, B. P. *et al.* (2007) Nature, **450**: 1111-1114.

Raven, P. H. *et al.* (2005) "Biology of Plants" 7th Ed., W.H. Freeman & Co., New York, p. 673.
Taiz, L., Zeiger, E. (2006a) "Plant Physiology" 4th Ed., Sinauer Associates, Inc., Sunderland, p. 57.
Taiz, L., Zeiger, E. (2006b) "Plant Physiology" 4th Ed., Sinauer Associates, Inc., Sunderland, p. 60.
Törnroth-Horsefield, S. *et al.* (2006) Nature, **439**: 688-694.

4 章

Albersheim, P. (1976) "Plant Biochemistry" 3rd Ed., Bonner, J., Varner, J. E. eds., Academic Press, New York, pp. 225-274.
Burton, R. A. *et al.* (2006) Science, **311**: 1940-1942.
Doblin, M.S. *et al.* (2002) Plant Cell Physiol., **43**: 1407-1420.
Fu, Y. *et al.* (2005) Cell, **120**: 687-700.
Geitmann, A., Ortega, J. K. (2009) Trends Plant Sci., **14**: 467-478.
Giddings, T. H., Jr., Staehelin, L. A. (1988) Planta, **173**: 22-30.
Green, P. B. (1962) Science, **138**: 1404-1405.
Hasezawa, S., Nozaki, H. (1999) Protoplasma, **209**: 98-104.
Hazen, S. P. *et al.* (2002) Plant Physiol., **128**: 336-340.
Katou, K., Furumoto, M. (1986) Protoplasma, **130**: 80-82.
Mohnen, D. (2008) Curr. Opin. Plant Biol., **11**: 266-277.
Nishitani, K. (1995) J. Plant Res., **108**: 137-148.
Nishitani, K., Tominaga, R. (1992) J. Biol. Chem., **267**: 21058-21064.
西谷和彦 (2006) 植物の生長調節, **41**: 34-45.
Roelofsen, P. A., Houwink, A. L. (1953) Acta Bot. Neerl., **2**: 218-225.
Toyooka, K. *et al.* (2009) Plant Cell, **21**: 1212-1229.
Vogel, J. (2008) Curr. Opin. Plant Biol., **11**: 301-307.
山本良一 (1999) 『植物細胞の生長』培風館, p. 164.
Yokoyama, R., Nishitani, K. (2004) Plant Cell Physiol., **45**: 1111-1121.

5 章

Abe, M. *et al.* (2005) Science, **309**: 1052-1056.
相田光宏 (2005) 蛋白質 核酸 酵素, **50**: 410-419.
Aida, M. *et al.* (2004) Cell, **119**: 109-120.
荒木　崇 (2010)『新しい植物ホルモンの科学 第 2 版』小柴共一・神谷勇治 編, 講談社, p. 169.
Buchanan, B.B. *et al.* eds. (2000) "Biochemistry & Molecular Biology of Plants" American Society of Plant Physiology, Rockville, p. 989.
Chandler, J. *et al.* (2008) Trends Plant Sci., **13**: 78-84.
Charlesworth, D. *et al.* (2005) New Phytol, **168**: 61-69.
Corbesier, L. *et al.* (2007) Science, **316**: 1030-1033.
Evert, R. F. (2006) "Esau's Plant Anatomy" 3rd Ed., Wiley-Liss, Hoboken, p. 133.
Fukaki, H., Tasaka, M. (2009) Plant Mol. Biol., **69**: 437-449.
Haecker, A. *et al.* (2004) Development, **131**: 657-668.
Hayama, R. *et al.* (2003) Nature, **422**: 719-722.

Higashiyama, T. (2002) J. Plant Res., **115**: 149-160.
Higashiyama, T. (2010) Plant Cell Physiol., **51**: 177-189.
星川清親 (1975)『解剖図説 イネの生長』農山漁村文化協会, p. 24.
Jenik, P. D. *et al*. (2007) Annu. Rev. Cell Dev. Biol., **23**: 207-236.
Mayer, K. F. X. *et al*. (1998) Cell, **95**: 805-815.
Müller, K. *et al*. (2006) Plant Cell Physiol., **47**: 864-877.
Okuda, S. *et al*. (2009) Nature, **458**: 357-361.
Péret, B. *et al*. (2009) Trends Plant Sci., **14**: 399-408.
Sachs, T. (1969) Ann. Bot., **33**: 263-275.
Sauer, M. *et al*. (2006) Genes. Dev., **20**: 2902-2911.
Schmidt, A. (1924) Bot. Arch., **8**: 345-404.
Smith, R. S. *et al*. (2006) Proc. Natl. Acad. Sci. USA, **103**: 1301-1306.
Stahl, Y. *et al*. (2009) Curr. Biol., **19**: 909-914.
Taiz, L., Zeiger, E. (2006) "Plant Physiology" 4th Ed., Sinauer Ass. Inc., Sunderland, p. 380.
Takayama, S., Isogai, A. (2005) Annu. Rev. Plant Biol., **56**: 457-489.
Tamaki, S. *et al*. (2007) Science, **316**: 1033-1036.
Yamaguchi, A. *et al*. (2005) Plant Cell Physiol., **46**: 1175-1189.
Yamaguchi, A. *et al*. (2009) Dev. Cell, **17**: 268-278.

6 章
Aloni, R. *et al*. (2003) Planta, **216**: 841-853.
Blilou, I. *et al*. (2005) Nature, **433**: 39-44.
Cleland, R. (1973) Proc. Natl. Acad. Sci. USA, **70**: 3092-3093.
Cosgrove, D. J. (2005) Nat. Rev. Mol. Cell. Biol., **6**: 850-861.
Davies, P. ed. (2007) "Plant Hormones" 3rd Ed., Springer, Dordrecht.
Hayashi, K. *et al*. (2008) Proc. Natl. Acad. Sci. USA, **105**: 5632-5637.
郡場 寛 (1932)『植物の発生生長及び器官形成』岩波書店.
小柴共一・神谷勇治 編 (2010)『新しい植物ホルモンの科学　第 2 版』講談社.
Kutschera, U., Schopfer, P. (1985) Planta, **163**: 483-493.
Mashiguchi, K. *et al*. (2011) Proc. Natl. Acad. Sci. USA, **108**: 18512-18517.
Mori, Y. *et al*. (2005) Plant Sci., **168**: 467-473.
Nishitani, K., Vissenberg, K. (2006) Plant Cell Monogr. **5**: 90-116.
Normanly, J. (2010) Cold Spring Harb. Perspect. Biol., **2**: a001594.
Sugawara, S. *et al*. (2009) Proc. Natl. Acad. Sci. USA, **106**: 5430-5435.
Tan, X. *et al*. (2007) Nature, **446**: 640-645.
Ulmasov, T. *et al*. (1997a) Plant Cell, **9**: 1963-1971.
Ulmasov, T. *et al*. (1997b) Science, **276**: 1865-1868.
Vanneste, S. *et al*. (2009) Cell, **136**: 1005-1016.
Went, F. W., Thimann, K. V. (1937) "Phytohormones" Macmillan Co., New York.
Xu, T. *et al*.(2010) Cell, **143**: 99-110.
Zažímalová, E. *et al*. (2010) Cold Spring Harb. Perspect. Biol. doi: 2010; **2**: a001552.

7 章
Hirano, K. *et al*. (2008) Trends Plant Sci., **13**: 192-199.

Ikeda, A. *et al*. (2001) Plant Cell, **13**: 999-1010.
King, K. E. *et al*. (2001) Genetics, **159**: 767-776.
Murase, K. *et al*. (2008) Nature, **456**: 459-463.
Ross, J. J. *et al*. (2000) Plant J., **21**: 547-552.
Taiz, L., Zeiger, E. (2006) "Plant Physiology" 4th Ed., Sinauer Ass. Inc., Sunderland, p. 516.
Ueguchi-Tanaka, M. *et al*. (2005) Nature, **437**: 693-698.

8 章

Buchanan, B. B. *et al*. eds. (杉山達夫 監修) (2005)『植物の生化学・分子生物学』学会出版センター , p.1008.
Giovannoni, J. J. (2004) Plant Cell, **16**: S170-S180.
Inoue, T. *et al*. (2001) Nature, **409**: 1060-1063.
Kakimoto, T. (2001) Plant Cell Physiol., **42**: 677-685.
Kamada-Nobusada, T., Sakakibara, H. (2009) Phytochemistry, **70**: 444-449.
Lin, W. *et al*. (2009) J. Exp. Bot., **60**: 3311-3336.
Miller, C. O. *et al*. (1955) J. Am. Chem. Soc., **77**: 2662-2263.
森　仁志 (2006)『植物ホルモンの分子細胞生物学』小柴共一 他編 , 講談社 , p. 178.
Roberts, K. (2007) "Handbook of Plant Science" Vol.1, Roberts, K. ed., John Wiley & Sons, Inc., West Sussex, p. 512.
Sakai, H. *et al*. (2001) Science, **294**: 1519-1521.
Saladié, M. *et al*. (2006) Plant J., **47**: 282-295.
Taiz, L., Zeiger, E. (2010) "Plant Physiology" 5th Ed., Sinauer Ass. Inc., Sunderland, p. 658.
Yoo, S. D. *et al*. (2009) Trends Plant Sci., **14**: 270-279.

9 章

Chini, A. *et al*. (2007) Nature, **448**: 666-671.
Chini, A. *et al*. (2009) FEBS J., **276**: 4682-4692.
Choe, S. *et al*. (1998) Plant Cell, **10**: 231-243.
Clouse, S.D. *et al*. (1996) Plant Physiol., **111**: 671-678.
Gomez-Roldan, V. *et al*. (2008) Nature, **455**: 189-194.
Kim, T-W. *et al*. (2009) Nat. Cell Biol., **11**: 1254-1260.
Li, J., Chory, J. (1997) Cell, **90**: 929-938.
Li, L., Deng, X. W. (2005) Trends Plant Sci., **10**: 266-268.
Ma, Y. *et al*. (2009) Science, **324**: 1064-1068.
水谷正治 (2007) 植物の生長調節 , **42**: 19-29.
Park, S. Y. *et al*. (2009) Science, **324**: 1068-1071.
Sheard, L.B., Zheng, N. (2009) Nature, **462**: 575-576.
Somers, D.E., Fujiwara, S. (2009) Trends Plant Sci., **14**: 206-213.
Szekeres, M. *et al*. (1996) Cell, **85**: 171-182.
Thines, B. *et al*. (2007) Nature, **448**: 661-665.
Umehara, M. *et al*. (2008) Nature, **455**: 195-200.

遺伝子・化合物・単位などの略号リスト

凡例：非省略型を（　　　）内に示し，省略用に使われている文字に下線を付した．原則として省略型は大文字，非省略型は小文字で表記した．説明や定義は本書の内容を理解する上で必要最小限とした．

ABA	アブシジン酸．(<u>ab</u>scisic <u>a</u>cid)
ABCB タンパク質	ABC 輸送体の B サブファミリー．オーキシンの一次能動輸送体はこの一員．
ABC 遺伝子	花の形態形成に関わる転写因子をコードする遺伝子群．多くは MADS box 転写因子をコードする．
ABC モデル	花器官形成を ABC 遺伝子のはたらきにより説明するモデル．
ABC 輸送体	ATP 結合カセット輸送体．(<u>A</u>TP-<u>b</u>inding <u>c</u>assette transporter)
ABCE モデル	花器官形成に関する ABC モデルに E 遺伝子を加えて改訂したモデル．
ABF	アブシジン酸応答性シス配列に結合する転写因子群．(<u>ABRE</u>-<u>b</u>inding <u>f</u>actors)
ABI1, ABI2	アブシジン酸の受容直後の情報伝達を負に制御するタンパク質フォスファターゼ，PP2C．(<u>ab</u>scisic acid <u>i</u>nsensitive)
ABP1	分泌型のオーキシン受容体であるオーキシン結合タンパク質 1．(<u>a</u>uxin <u>b</u>inding <u>p</u>rotein 1)
ABRE	アブシジン酸応答性シス配列．(<u>a</u>bscisic acid <u>r</u>esponsive <u>e</u>lements)
ACC	エチレン前駆体の 1-アミノシクロプロパン-1-カルボン酸．(1-<u>a</u>mino<u>c</u>yclo-propane-1-<u>c</u>arboxylate)
ACR4	根端分裂組織の形成に必須のロイシンくり返し配列型の受容体キナーゼ．(<u>ar</u>abidopsis <u>cr</u>inkly4)
AFB	TIR1 以外のオーキシン受容体 F-box タンパク質．(<u>a</u>uxin signiling <u>F</u>-<u>b</u>ox proteins)
AGO	miRNA/siRNA と相補的な mRNA を分解する酵素活性をもつ RISC の構成要素．欠損変異体の表現型が軟体動物のタコブネ (argonaute) に似ることから <u>argonaut</u> という．
AP1	花成誘導に必須の植物固有の転写因子．(<u>ap</u>etala <u>1</u>)
AP2	AP2/ERF ドメインを 2 つもつ転写因子ファミリー．(<u>ap</u>etala <u>2</u>)
ARF	オーキシン応答性シス配列を識別する転写因子ファミリー．(<u>a</u>uxin <u>r</u>esponsive <u>f</u>actor)
ARR	サイトカイニン情報伝達のレスポンスレギュレーター．(<u>ar</u>abidopsis <u>r</u>esponse <u>r</u>egulator)
AUX/IAA	オーキシンの受容と情報伝達に関わる負の制御因子ファミリー．オーキシンにより早期に発現が誘導され，ARF の転写活性を抑制する．
AUX1	オーキシン取り込みを行う共輸送体の 1 つ．(<u>aux</u>in resistant <u>1</u>)
AuxRE	オーキシン応答性シス配列．(<u>aux</u>in <u>r</u>esponsive <u>e</u>lement)
B3	B3 ドメインをもつ転写因子ファミリー．
BAK1	ブラシノステロイド受容体の BRI と相互作用し，情報伝達に関わる膜局在のキナーゼ．(<u>B</u>RI1 <u>a</u>ssociated receptor <u>k</u>inase <u>1</u>)
B-box	亜鉛結合モチーフをもつ転写調節タンパク質のファミリーの 1 つ．
BES1	ブラシノステロイド応答性の BZR1/BES1 ファミリーの転写因子の 1 つ．(<u>B</u>RI1-<u>e</u>thylmethane <u>s</u>ulphonate <u>s</u>uppressor <u>1</u>)
bHLH 転写因子	塩基性ヘリックス・ループ・ヘリックス転写因子．(<u>b</u>asic <u>h</u>elix-<u>l</u>oop-<u>h</u>elix transcription factor)

遺伝子・化合物・単位などの略号リスト

BIN2	ブラシノステロイドの情報伝達に関わるセリン・トレオニンタンパク質キナーゼ．(brassinosteroid-insensitive 2)
BRI1	ブラシノステロイド受容体．ロイシンくり返し配列型の受容体キナーゼの1つ．(brassinosteroid-insensitive 1)
BH-IAA	オーキシンアンタゴニストの1つ．(tert-butoxycarbonylaminohexyl-IAA)
BZR1	ブラシノステロイド応答性のBZR1/BES1ファミリーの転写因子の1つ．(brassinazol resistant 1)
C1, C2, C4, C8, C16, C32……	核DNA量．数字は生殖細胞核内のDNA量を1としたときの相対量．
$C_5, C_{15}, C_{20}, C_{40}$	イソプレン単位(C_5)からなるテルペン類の炭素数の表記．
CCD8	ストリゴラクトン合成経路内のカロテノイド酸化開裂酵素．(carotenoid cleavage dioxygenase)
CDK	サイクリン依存性キナーゼ(cyclin dependent kinase)．細胞周期の制御因子．
CesA	セルロース合成酵素．(cellulose synthase A)
CKX	サイトカイニン酸化酵素．(cytokinin oxidase)
CLE40	CLEペプチドの1つ．根端分裂組織形成に関わるACR4のリガンド．
CLEペプチド	十数アミノ酸からなる分泌性のペプチド性リガンド群．(CLV3/ESR)
CLV1	ロイシンくり返し配列型の受容体キナーゼの1つ．欠損により，帯化を引き起こし，棍棒のようになることからclavata 1変異体と呼ぶ．
CLV3	CLEペプチドの1つ．茎頂分裂組織形成に関わるCLV3のリガンド．欠損によりCLV1と類似の表現型を示す．(clavata 3)
CO	長日条件下でFTの発現を誘導するB-boxを含む転写調節因子．(constans)
COI1	ジャスモン酸の受容／情報伝達に必須のF-boxタンパク質．(coronatine-insensitive locus 1)
CPD	ブラシノステロイド合成経路中のシトクロム450水酸化酵素の1つ．(constitutive photomorphogenesis and dwarfism)
CRP	システイン残基に富むタンパク質．(cystein rich protein)
CSL	セルロース合成酵素類縁(cellulose synthase like)ファミリー．
CSLA-H	セルロース合成酵素(CesA)類縁タンパク質A〜H．(cellulose synthase like A-H)
CTR1	エチレンの情報伝達の最初の段階を制御する負の因子．(constitutive triple response 1)
CUC1/2	茎頂分裂組織の領域化をつかさどる転写因子．欠損すると茎頂の領域化が滞り，子葉がコップの形状の表現型(cup-shaped cotyledon 1/2)を示す．
CycD3	サイクリンの1つ．サイトカイニンによる制御をうけ，G1/Sチェックポイントでの制御に関わる．
cYFP	緑色蛍光タンパク質を変異させて得られた黄色蛍光タンパク質(yellow fluorescent protein)を，さらに変異させて得られた黄緑色蛍光タンパク質(citrine yellow fluorescent protein)．
cYFP-CesA6	cYFP(黄緑色蛍光タンパク質)をセルロース合成酵素(CesA6)のN末端に連結した蛍光性の組換えタンパク質．
CYP79	シトクロムP450のサブグループ．オーキシン合成に関わる酵素を含む．
2,4-D	合成オーキシンの1つ．(2,4-dichlorophenoxyacetic acid)
DDM1	クロマチン再構成因子．(decrease in DNA methylation 1)
DELLAタンパク質	GRASファミリーの一員で，N末端にジベレリン応答性のDELLA配列をもつタンパク質．ジベレリン応答性の遺伝子発現を抑制する負の転写制御因子．
DWF4	ブラシノステロイド合成経路中のシトクロム450水酸化酵素の1つ(dwarf 4)

E3 ユビキチンリガーゼ	特定のタンパク質にユビキチンを転移する酵素．ユビキチンを付加されたタンパク質は 26S プロテアソームで分解される．
EIN2	CTR1 と相互作用してエチレンの情報伝達に関わる膜タンパク質．(ethylene insensitive 2)
EIN3	エチレンの情報伝達に関わる転写因子．(ethylene insensitive 3)
ERF1	エチレン応答性の転写因子の 1 つ．AP2/ERF ファミリーの一員．(ethylene responsive factor 1)
ETO1	エチレン合成の律速段階を触媒する ACC 合成酵素の抑制因子．(ethylene overproducer 1)
ETR1	エチレン受容体の 1 つ．(ethylene response 1)
F-box タンパク質	SCF ユビキチンリガーゼの構成要素の 1 つ．標的タンパク質を識別するタンパク質．
FD	茎頂で FT と複合体をつくり，花成誘導に必須の bZIP 型転写因子．
FLC	花成制御に関わる MADS-box 型転写因子の 1 つ．(flowering locus C)
FLO	キンギョソウの花成誘導および花の領域の定義に必須の転写因子．シロイヌナズナの LFY と相同．欠損により花が葉に変わる．(floricaula)
FT	シロイヌナズナのフロリゲン．長日条件下で花成を誘導．(flowering locus T)
F 型 H^+-ATPase	ミトコンドリア膜やバクテリアに局在する水素イオンポンプ．(H^+-ATPase)
GA	ジベレリン (gibberellic acid)．GA_1, GA_4 は活性ジベレリン．
$ga1 \sim 5$	シロイヌナズナのジベレリン欠損突然変異体．
GA20ox	GA の 20 位の炭素を水酸化し GA の前駆体である GA_9, GA_{20} を合成する酵素．
GA2ox	活性型 GA_1 と GA_4 の 2 位の炭素を酸化し，不活性化する酵素．
GA3ox	GA の前駆体である GA_9 と GA_{20} の 2 位の炭素を水酸化し，活性型 GA_1 と GA_4 を合成する酵素．
GAI	シロイヌナズナの DELLA タンパク質．ジベレリン応答性の転写因子のはたらきを抑制する．(GA insensitive)
GAMYB	ジベレリン (GA) により誘導される MYB 転写因子．
GARE	ジベレリン応答性シス配列．(GA responsive element)
GFP	クラゲ由来の緑色蛍光タンパク質．(green fluorescent protein)
GFP-PIN1	GFP を PIN1 タンパク質に融合した蛍光性の組換えタンパク質．
GFP-TUA1	緑色蛍光タンパク質 (GFP) を α チューブリン (TUA1) の N 末端に融合した蛍光性の組換えタンパク質．
GID1	ジベレリン受容体．(gibberellic acid insensitive dwarf 1)
gid1 変異体	イネの GID1 欠損変異体．矮性で GA を高濃度に含む．
GNOM（ARF-GEF）	ADP リボシル化因子 (ADP ribosylation factor) に特異的な GDP/GTP 交換因子 (guanine nucleotide-exchange factors)．gnom はその変異体．PIN1 の膜局在の制御因子．
GRAS	陸上植物固有の転写因子．GAI と RGA，SCR の転写因子の C 末端に共通するドメイン (GRAS ドメイン) をもつファミリー．
GT2	CSL が属す糖転移酵素ファミリー．(glycosyltransferase 2)
Hd1	短日条件下で Hd3a の発現を誘導するジンクフィンガー型転写因子．(heading date 1; 出穂日)
Hd3a	イネのフロリゲン．短日条件下で花成を誘導．(heading date 3a; 出穂日)
HG	ペクチンのホモガラクツロナンドメイン．(homogalacturonan)
IAA	天然オーキシン，インドール -3- 酢酸．(indole-3-acetic acid)

IPT	イソペンテニル基転移酵素. サイトカイニン合成に関わる酵素. (isopentenyl transferase)	
JA	ジャスモン酸. (jasmonic acid)	
JAZ	ジャスモン酸の情報伝達に関わる負の制御因子. MYC2の転写活性を抑制する. (jasmonate zim domain)	
KNOX1	ホメオボックス転写因子の1つ. 茎頂分裂組織の維持に必須. (knotted 1-like homeobox 1)	
LBD	LOB (lateral organ boundaries) ドメインをもつ転写因子ファミリー.	
LEA タンパク質	種子の乾燥耐性獲得に必要な貯蔵性タンパク質の1つ. (late embryogenesis abundant protein)	
LFY	シロイヌナズナの花成誘導および花の領域の定義に必須の転写因子. キンギョソウのFLOと相同. (leafy)	
LRR	ロイシンくり返し配列. 受容体キナーゼの膜外ドメインに多く見いだされるドメイン. (leucine-rich repeats)	
LURE	助細胞より分泌され, 花粉管を誘引する一群の分泌性のシステインを含む低分子量タンパク質. 誘引 (lure) するという意味で命名された.	
MADS ボックス	転写因子ファミリーの1つ. MCM1, AGAMOUS, DEFICIENS, SRFの4つの転写因子に共通の特徴的モチーフをもつことから名づけられた. ABC遺伝子の産物やFLCなどがこのファミリーに属す.	
max4 変異体	シロイヌナズナの側枝が増える変異体の1つ. ストリゴラクトン合成に関わるカロテノイド酸化開裂酵素 (CCD8) を欠損する. (*more axillary growth 4* mutant)	
MEP 経路	色素体内でのイソペンテニル二リン酸合成経路. (methylerythritol phosphate)	
MIP	細胞膜に普遍的に存在する低分子量チャネルタンパク質 (major intrinsic protein) ファミリー. 水チャネルはその中の主要なサブファミリーをなす.	
MVA 経路	細胞質ゾル内でメバロン酸 (mevalonic acid) からイソペンテニル二リン酸を合成する代謝経路.	
MYC2	ジャスモン酸に応答性の遺伝子の転写を正に制御するbHLH型の転写因子. JIN1 (jasmonate insensitive 1) と同一分子. JIN1/MYC2ともいう.	
Na^+/K^+-ATPase	動物の細胞膜に局在するナトリウムポンプ, ナトリウム／カリウムポンプともいう. Na^+を汲み出し, K^+を細胞内に取り込む.	
NAA	合成オーキシンの1つ. (naphthalene-1-acetic acid)	
NAC	陸上植物に固有の転写因子. NAMとATAF1/2, CUC2の3つの転写因子間で保存されているNACドメインをもつファミリー.	
NCED	アブシジン酸合成経路でC_{30}化合物を開裂し, C_{15}のキサントサールを生成する酵素. (9-cis-epoxycarotenoid dioxygenases)	
NST1	NAC転写因子の1つ. 繊維細胞の二次壁形成. (NAC secondary wall thickening promoting factor 1)	
NST3/SND1	NAC転写因子の1つ. 繊維細胞の二次壁形成. (secondary wall-associated NAC domain protein 1)	
orp 変異体	トウモロコシのトリプトファン要求性変異体. トリプトファン経路によるオーキシン合成ができないにもかかわらず, 植物体内のIAA濃度は高い. (*orange pericarp* mutant)	
シトクロム P450	水酸化酵素ファミリー. ステロイドなどの代謝において多様な反応を触媒する.	
P型 H^+-ATPase	植物の細胞膜 (plasma-membrane) に局在する水素イオンポンプ. (H^+-ATPase)	
Pa	圧力の単位 (パスカル). $1MPa = 10^6 Pa ≒ 9.87$ 気圧.	
PAMP	生体防御反応を惹起する分子群. (pathogen-associated molecular patterns)	

PEBP	フォスファチジルエタノールアミン結合タンパク質ファミリー．FT と TFL1 を含む．(phosphatidylethanolamine-binding protein)
PIF	フィトクロム結合因子．bHLH 転写因子ファミリーに属し，DELLA と結合する．(phytochrome-interacting factor)
PIN	オーキシン排出輸送体ファミリー．(pinformed1)
pin1 変異体	PIN1 を欠損した変異体．針状の表現型を示す．(*pinformed 1* mutant)
PIP	細胞膜局在型水チャネル (plasma-membrane intrinsic protein)．MIP のサブファミリーの1つ．
PLT	AP2 転写因子ファミリーの1つ．静止中心形成を正に制御する．(plethora mutant)
PP2C	タンパク質フォスファターゼ 2C．(protein phosphatase 2C)
PXY/TDR	前形成層分化に関わるロイシンくり返し配列型の受容体キナーゼの1つ．(protoxylem/TDIF receptor)
PYR/PYL/RCAR	アブシジン酸の受容体ファミリー．(pyrabactin resistance 1/PYR1-like/regulatory component of ABA receptor protein)
RGA	シロイヌナズナの DELLA タンパク質．ジベレリン応答性の転写因子のはたらきを抑制する．(repressor of ga 1-3)
RGI，RGII	ペクチンのラムノガラクツロナン I, II ドメイン．(rhamnogalacturonan I, II)
Rho GTPase	Ras スーパーファミリーに属する低分子量 GTPase ファミリーの1つ．
Rht1	コムギのジベレリン情報伝達に必須の DELLA タンパク質の遺伝子座．
RISC	アルゴノートと miRNA または siRNA を含み，特定の mRNA を分解する複合体．(RNA-induced silencing complex)
rms1	シロイヌナズナの側枝が増える変異体の1つ．CCD8 を欠損．(*ramosus 1* mutant；枝分かれした変異体)
ROP	Rho GTPase ファミリー中の植物に固有のサブファミリー．(Rho of plant)
SAM	①茎頂分裂組織 (shoot apical meristem)，② S-アデノシルメチオニン (S-adenosyl methionine)．
SCF	E3 ユビキチンリガーゼの主要ファミリーの1つ．Cul1, Rbx1, Skp1, F box からなる．
SCF^COI1	ジャスモン酸の受容と情報伝達に関わる SCF．F-box が COI1．
SCF^GID2/SLY1	イネのジベレリンの情報伝達に関わる SCF．F-box が GID2/SLY1．
SCF^TIR/AFB	オーキシンの受容と情報伝達に関わる SCF．F-box が TIR/AFB．
SCR	GRAS 転写因子ファミリーの1つ．根端分裂組織形成に必須．(scarecrow)
SHR	GRAS 転写因子ファミリーの1つ．根端分裂組織形成に必須．(shortroot)
SLF/SFB	ナス科の自家不和合性の雄性因子．花粉管内で発現する F-box タンパク質．(S-locus F-box)
SLN1	オオムギの DELLA タンパク質．(slender 1)
SLR1	イネの DELLA タンパク質．ジベレリン応答性の転写因子のはたらきを抑制する．(slinder rice 1)
slr1 変異体	イネのジベレリンの情報伝達に関わる負の因子．(*slinder rice 1* mutant)
SnRK2	アブシジン酸の情報伝達の過程で，PP2C による負の制御をうけるタンパク質キナーゼ．
SoPIP2	ホウレンソウ (*Spinacia oleracea*) の細胞膜局在型水チャネル (PIP) の1つ．
SP11/SCR	アブラナ科の自家不和合性の雄性因子．花粉管から分泌される SRK のリガンド．
SRK	アブラナ科の自家不和合性の雌性因子．(self-incompatibility receptor protein kinase)
S-RNase	ナス科の自家不和合性の雌性因子．花柱で発現し，花粉管伸長を特異的に抑制する RNAase．(S locus RNase)

STM	茎頂分裂組織の領域を決めるはたらきをもつホメオボックス転写因子. 欠損すると茎頂分裂組織ができない (shoot meristemless) 表現型を示す.
S遺伝子座	自家不和合性遺伝子座. (self-imcompatibility locus)
TC	セルロース合成装置である末端複合体. (terminal complex)
TDIF	CLEペプチドの1つ. 前形成層分化に関わるPXY/TDRのリガンド. (tracheary element differentiation inhibitory factor)
T-DNA	土壌細菌内のTiプラスミド内のDNA領域. 土壌細菌が植物に感染すると植物細胞のゲノム内に移入される領域. (transferred DNA)
TFL1	FTと拮抗的なはたらきをもつPEBPファミリーの1つ. (terminal flower 1)
Tiプラスミド	土壌細菌内のT-DNAを含むプラスミド. 植物に感染し瘤をつくる. (tumore inducind plasmid)
TIP	液胞膜局在型水チャネル (tonoplast intrinsic protein). MIPのサブファミリーの1つ.
TIR/AFB	オーキシン受容体であるF-boxタンパク質ファミリーの総称.
TIR1	オーキシン受容体であるF-boxタンパク質の1つ. (auxin transport inhibitor resistant 1 mutant)
*trp2*変異体	シロイヌナズナのトリプトファン要求性変異体. (*try2* mutant)
UDP-グルコース	ウリジン二リン酸グルコース (uridine diphosphate glucose). セルロースなどのグルカンの合成基質
VND6	後生木部の分化を誘導するNAC転写因子の1つ. (vascular related NAC domain 6)
VND7	原生木部の分化を誘導するNAC転写因子の1つ. (vascular related NAC domain 7)
V型H$^+$-ATPase	植物の液胞膜(vacuolar membrane)に局在する水素イオンポンプ. (H$^+$-ATPase)
WOX	ホメオボックス転写因子の中のWUS (wuschel) に類縁のメンバーからなるサブファミリー. WUS, WOX2, 4, 5, 8, 9を含む. (wuschel related homeobox)
WOX5	WOXサブファミリーの1つ. 根端分裂組織の形成に関わる.
WUS	茎頂分裂組織の形成を正に制御するホメオボックス転写因子. 欠損変異体が乱れ髪 (wuschel) に似ることから名づけられた.
XG	キシログルカン. (xyloglucan)
XTH	エンド型キシログルカン転移酵素／加水分解酵素. (xyloglucan endo-transglucosylase hydrolase)
Y	Y細胞壁の降伏閾値 (Pa). (yielding threshold)
YUCCA	オーキシン合成に関わる酵素をコードする遺伝子群. 過剰発現変異体内ではオーキシン濃度が高まる.
ZEP	アブシジン酸合成経路で, ゼアキサンチンのエポキシ化を触媒する酵素. (zeaxanthin epoxidase)
14-3-3タンパク質	リン酸化の制御に関わる二量体タンパク質ファミリー.
1,4-β-グルカン	グルコースのC1とC4の間がβグルコシド結合で連結した多糖
1,3/1,4-β-グルカン	1,4-β結合でつながったグルコースオリゴ糖が1,3-β結合で連結した多糖.
ΔP	細胞内外の静水圧ポテンシャル差. (単位, Pa)　Δ：デルタ
ΔΠ	細胞内外の浸透圧ポテンシャル差. (単位, Pa)　Π：パイ
Φ	細胞壁の伸展性の係数.　Φ：ファイ
Ψw	水ポテンシャル. (単位, Pa)　Ψ：プサイ

索 引

記号

Ⅰ型細胞壁 59
Ⅱ型細胞壁 59
α-アミラーゼ遺伝子 149
$1,3/1,4\text{-}\beta$-グルカン 59
$1,3/1,4\text{-}\beta$-グルカンの合成酵素群 68
$1,4\text{-}\beta$-グルカン 62
γ-チューブリン 31, 151

アルファベット

A

ABA 97, 98
ABCBタンパク質 128
ABCタンパク質ファミリー 128
ABCモデル 114
ABCEモデル 114
ABC輸送体 48, 170
ABP1 129, 134
ABRE 173
ACC 163
ACC合成酵素 163
ACC酸化酵素 163
ACR4 95
AP1 112
ARF 106, 131, 132
ARR 158
ATP結合カセット（ABC）タンパク質 126
AUX/IAA 106, 131, 132, 178
AUX1 126
AuxRE 132, 134

B

BAK1 177
BH-IAA 122
BRI1 176
B型CDK 28

C

Ca^{2+}結合 70
Ca^{2+}ポンプ 47
CCD8 181
CDK 27
CesA 62
CKX 155
CLE40 95
CLEペプチド 91, 102, 117
CLV1 91
CLV3 91
CO-FT経路 107
COI1 180
CRP 83
CSLA 68
CSLC 67
CSLF 68
CSLH 68
CSLスーパーファミリー 68
CSLの系統樹 68
CTR1 166
CycD3 161
cYFP-CesA6 64

D

DELLA 144, 147
DICER 20
DNA合成期 24
DNA修復機構 15
DNAのメチル化 21, 23, 110
DNAメチル基転移酵素 21
DR5プロモーター：GUS 125
D型サイクリン 28

E

E3ユビキチンリガーゼ 183
EIN2 166
EIN3 166
ent-ジベレラン構造 138
ETO1 163
ETR1 164

F

F-boxタンパク質 83, 130, 183
FLC 110
FLO/LFY 113
FT 108
FT/Hd3a 117
F型H^+-ATPase 46

G

G_0期 24
G_1/Sチェックポイント

27, 161
G$_2$/M チェックポイント 27
GA20 酸化酵素 141
GA2 酸化酵素 141
GA3 酸化酵素 141
GAI 146
GAMYB 転写因子 149
GARE 150, 153
GA 応答性シス配列 149
GFP-PIN1 128
GID1 144
GID1/DELLA 146, 153
GNOM 128
GRAS ドメイン 145, 148

H

H$^+$-ATPase 46
H$^+$-ピロフォスファターゼ 47
Hd3a 108
HG 70

I

IAA 120
IAA 合成経路 122
IBA 120
IPT 155, 161

J・K

JAZ ファミリー 180
K$^+$ チャネル 43
KNOX1 転写因子 151

L

LRR 型のセリン・トレオニンキナーゼ 177

LURE 83, 117

M

MADS box 転写因子 114
MEP 経路 140, 170
MVA 経路 139
MIP ファミリー 43
miRNA 20
MYC2 180

N

Na$^+$/K$^+$-ATPase 46
NAC ファミリー 17, 105
NST1 104
NST3/SND1 104

P

PCD 37
PIF 148
PIN 87, 126
pin-formed1 126
PLT 93
PP2C 172
pre-miRNA 20
pre-mRNA 17
PYR/PYL/RCAR ファミリー 172

R

RG II 70
RGA 146
RISC 20
RNA ポリメラーゼ II 19
ROP 79, 129, 134

S

S-RNase 83

SCF^{COI1} 180
SCF$^{GID2/SLY1}$ 144
SCF$^{TIR1/ABF}$-AUX/IAA 134
SCF^{TIR1} 131
SCR/SP11 ペプチド類 117
siRNA 21
SLF/SFB 83
SLR1 144
small RNA 19, 22
SnRK2 173
SP11/SCR 83
SRK 83
S 遺伝子座 82
S ハプロタイプ 82

T

TDIF 102
T-DNA 157
TC 60
TIR1/AFB 131
Ti プラスミド 157
VND6 104
VND7 104

W・X

WOX5 94
WOX 転写因子群 87
WUS 90
XTH 68, 133, 151, 166, 178

あ

アクアポリン 43
アクチン繊維 79
アゴニスト 121
圧流説 56, 57
アブシジン酸 14, 97, 106, 117, 149, 169

――応答性シス配列 173
――受容体 172
――の合成 170
アベナテスト 124
アポトーシス 38
アポプラスト 32, 49, 50, 56, 172
1-アミノシクロプロパン-1-カルボン酸 162
アラビノガラクタン糖タンパク質 71
暗形態形成 148
アンタゴニスト 121

い

イールディン 78
イオントラップ 171
維管束 5, 102
維管束幹細胞ニッチ 102
維管束形成 102
維管束植物 8, 72, 117
イソペンテニルアデニン 155
イソペンテニル基転移酵素 155
イソペンテニル二リン酸 140, 170
一次維管束 102
一次共生 2
一次原形質連絡 31
一次能動輸送 46
一次分裂組織 33, 88
一次壁 13, 58, 63, 66
一次木部 104
溢泌 51
遺伝子ファミリー 22, 23
イネ馬鹿苗病 137
イネ目細胞壁 59
イワヒバ 146
インドール-3-酢酸 120
インドール酪酸 120

う

ウキイネ 150, 168
運河モデル 102, 103

え

栄養成長 8
腋芽 161, 181
エキソサイトシス 78
液胞 48
液胞膜（V型）H^+-ATPase 47
エクステンシン 31, 71
エクスパンシン 77, 133, 151
エチレン 117, 162
――応答性シス配列 166
――応答性転写因子群 166
――受容体 164
エピジェネティックス 21
エンド型キシログルカン転移酵素／加水分解酵素 68, 77, 151
エンドサイトシス 66
エンドソーム 128

お

黄色植物 2
大型化 13, 137
オーキシン 87, 89, 93, 101, 104, 106, 117, 118, 119, 143, 153, 161, 167, 183
――応答性シス配列 132, 134
――結合タンパク質 129
――受容体 132
――の組織内分布 125
――輸送体 126
オキシインドール 124
オゾン層 3

か

外衣-内体説 92
概日リズム 107
灰色植物 2
カイネチン 155
化学浸透モデル 126
化学ポテンシャル 42
架橋性多糖類 67
核DNA量 25
拡散電位 42
核内倍加 25, 28
隔膜形成体 30
果実 164
花序 113
花序分裂組織 112, 113
カスパーゼ 38
カスパリー線 50, 73
花成 111
花成制御の統御遺伝子群 112
花成誘導 108
活性酸素種 14, 178
果皮 96
過敏感細胞死 38
花粉 6, 80
花粉管 74
花粉管細胞 80
花粉管誘導 83

索 引

花粉母細胞 80
仮道管 52
仮道管要素 51
カルス 34, 154
加齢 162
カロース 31
カロテノイド酸化開裂酵素 181
環域 114
環境シグナル 13, 164
間隙期 24
幹細胞 24, 33, 85
幹細胞ニッチ 89, 92, 105
管状要素 51, 104
　——の分化 177
　——分化阻害因子 102
冠水 44, 168
乾燥 13
乾燥ストレス 14, 171
乾燥耐性 95

き

器官サイズ 26
器官軸性 36
器官脱離 166, 169
気孔閉鎖 171
キサントサール 171
キシログルカン 31, 59, 67
　——架橋 68
キャビテーション 52
キャリア 44
球状胚 85
吸水成長 73
休眠種子 98
休眠誘導 169
凝集力説 54
共輸送体 44

極核 80, 84
極性 86, 87
極性輸送 125
　——経路 128
魚雷型胚 85

く

茎伸長 146, 150
クチクラ 13, 14, 72
クチン 72
クラウンゴール 156
グリシン-リッチ-タンパク質 71
グルカナーゼ 133
クリマクテリック型 164
グルクロノアラビノキシラン 59
グルコマンナン合成酵素 67

け

形成層 103
形成中心 89, 90, 92
茎頂分裂組織 90, 99, 151
茎葉体 5
ゲートの開閉 43
結合型 IAA 124
ゲノム 16
　——解読 11
原形質連絡 31, 49, 73
原根層細胞 85, 89
原糸体 5, 6
減数分裂 80
原生木部 104

こ

高温休眠 99

光合成細菌 1
向軸側 86
光周期 111
紅色植物 2
合成オーキシン 120
合成サイトカイニン 156
後生木部 104
向背軸 36
後胚発生 99
コケ植物 5
個体再生 34
糊粉層細胞 149
ゴルジ体 67
根圧 51, 53
根冠細胞 85
根端分裂組織 94

さ

サイクリン 27
　——/CDK 複合体 27
　——依存性キナーゼ 27
サイトカイニン 93, 104, 106, 117, 151, 154, 156
　——酸化酵素 155
　——受容体 158
　——情報伝達 159
再分化 34, 35
細胞極性 36
細胞系譜 85, 86
細胞サイズ 26
細胞周期 24, 27, 160
細胞伸長 65, 167
細胞成長 73
細胞の形 78
細胞板 29, 31
細胞分化 32, 34
細胞分裂 28

――期 24
――面 29
細胞壁 38, 49, 58, 76, 135, 151
　　――関連遺伝子 133
　　――の応力緩和 76
　　――の伸展性 75
　　――のゆるみ 77
　　――モデル 61
　　――ラメラ 65
細胞膜（P型）H$^+$-ATPase 47, 56, 127, 135
サリチル酸 117
酸化ストレス 178
三重反応 162
酸性化 135
酸成長仮説 135
酸素発生型光合成 1

し

シアノバクテリア 1
紫外線 3
紫外線B 12, 14
紫外線耐性 15
自家生殖 80
自家不和合性 81
師管液 55
色素体 141, 170
シキミ酸経路 4, 72
軸形成 87
軸性 86
シグナル伝達 13, 116
シグナル分子 116
始原細胞 33, 89, 105
師孔 56
師細胞 56
自殖 81

システミン 117, 179
シダ植物 56
シトクロムP450酵素 175
師板 56
師部 54
ジベレリン 98, 110, 117, 137
　　――応答性シス配列 153
　　――感受性変異 138, 141
　　――合成酵素欠損変異 140
　　――受容体 144
　　――生合成経路 138, 140
　　――の情報伝達 143
　　――非感受性変異 144
車軸藻類 4
ジャスモン酸 117, 178, 180
　　――応答遺伝子群 180
収縮環 29
充填性多糖 69
周皮組織 73
周辺帯 99
重力 12
重力ポテンシャル 40
珠孔 83
樹高 54
主根 105
種子形成 95, 171
種子植物 6
種子成熟 97
種子発芽 98, 146, 149
受精 80, 84
種皮 96, 150
受容体キナーゼ 83
春化 110
蒸散 53
師要素 56

小胞体 141
　　――膜 164
小胞輸送 128
初期胚 85
植物の種 9
植物変態論 115
植物ホルモン 13, 116
助細胞 80, 83
シロイヌナズナ 11
進化系譜 1
シンク器官 55
真正双子葉類 8
心臓型胚 85
伸長成長 73
浸透圧 41, 74
浸透圧ストレス 14
浸透ポテンシャル 40
シンプラスト 32, 49, 50

す

水素イオンの放出 135
水素イオンポンプ 45
垂層分裂 105
水素結合 39
水柱 54
スーパーオキシドジスムターゼ 15
スクロース合成酵素 63
スクロースの「積み込み」 56
スクロース-プロトン共輸送体 56
ステロイド 174
ストマゲン 117
ストリゴラクトン 117, 161, 181
ストレス抵抗性反応 178

索引

スプライシング 18
スベリン 73

せ

ゼアチン 155
精核 7
生活環 5
静止中心 85, 89, 94
生殖細胞 81
生殖成長 8, 107
静水圧 57, 74
静水圧ポテンシャル 40
成長運動 13
成長制御 133, 149
成長素 119
成長相の転換 107
正のフィードバック 164
セイヨウアブラナ花粉 174
赤色光 143
節間成長 150
セルラーゼ 167
セルロース合成 151
　——装置 60, 63
セルロース微繊維 4, 58, 60, 65
　——の配向 64, 77
前期前微小管束 29
穿孔 52
センサーヒスチジンキナーゼ 158
選択的スプライシング 18
選択的転写開始 18
先端成長 74, 78
セントラルドグマ 16
セントロメア領域 29
蘚類 6

そ

ソース器官 55
側根原基 106
側枝 181
促進輸送 44
側生器官 36, 106
側方抑制 102
組織培養 154

た

大気環境 11
対向輸送体 44
胎生発芽 97
体積流 57
他家生殖 80
脱分化 25, 34, 35
タバコ培養細胞 BY-2 株 35
短日植物 108
単子葉類 8
タンパク質コード遺伝子 17
タンパク質フォスファターゼ2C 172

ち

チャネル 43
中央細胞 84
中央帯 99
中心柱 50
中心命題 16
中性植物 110
中葉 31
頂芽優勢 161
長距離輸送 49, 155, 171
長日植物 108
頂端‐基部軸 36, 86, 88

重複受精 84
張力負荷分子 77
貯蔵型 IAA 124
貯蔵物質 95
チロシン化 151

つ・て

つなぎ換え反応 69
適合溶質 96
デズモ小管 49
電気化学ポテンシャル勾配 45
転写因子 16, 19
転流 56

と

道管 52, 155
道管要素 51
動原体 29
動原体微小管 29
糖ヌクレオチド 67
土壌細菌 156
ドミナントネガティブ 165
トランスクリプトーム解析 178
トリプトファン経路 122, 123
トレニア 83

に

二次維管束 103
二次共生 2
二次原形質連絡 31
二次能動輸送 44, 56
二次分裂組織 33
二次壁 13, 58, 63, 72
二成分系制御系 160

ね・の

根 50, 155
ネルンスト電位 42
能動的電位 42

は

バーナリゼーション 110
背軸側 86
胚珠 7, 80
排水構造 51
倍数体化 26
胚乳 84, 149
胚嚢 84
胚嚢母細胞 80
胚パターン形成 86
胚発生 6, 85
胚柄細胞 85
発芽促進 150
花器官形成 114
葉の老化 166
パラログ遺伝子 23
伴細胞 57
反復配列 21

ひ

光 147
光屈性 118
光形態形成 148
光周期 108
光発芽 99
　　——種子 143
非クリマクテリック型 164
非コード RNA 19
被子植物 8, 56, 81, 84
ヒスチジンキナーゼ 160
ヒストン脱アセチル化酵素 21
ヒストンの修飾 21
非対称性 37
肥大成長 73
非タンパク質コード遺伝子 19
非トリプトファン経路 123
ヒメツリガネゴケ 5, 68
ヒャクニチソウ 104
表層微小管 31, 64, 79, 151
表皮細胞 79
　　——壁 72
表面張力 53

ふ

ファイトスルフォカイン類 117
フィードバック 93, 142
フィトクロム B 148
フィトクロム結合因子 148
フェニールプロパノイド 59
フォスファチジルエタノールアミン結合タンパク質 109
フシコクシン 135
負のフィードバック 92, 159
フラグモプラスト 30
ブラシノステロイド 104, 117, 174
　　——感受性変異 174
　　——の受容 176
　　——の合成経路 175
　　——非感受性変異 176
ブラシノライド 174
フラボノイド 14

浮力 12
プログラム細胞死 37
プロテアソーム 131
プロテオーム解析 178
フロリゲン 108, 111
プロリン-リッチ-タンパク質 71
分化全能性 25, 32, 34
分化多能性 88
分散成長 73, 78
分泌小胞塊 66
分泌性ペプチド 117
分裂装置 29
分裂組織 33

へ

並層分裂 105
壁孔 52
壁孔膜 52
ペクチン 59
　　——性多糖類 70
　　——メチルエステラーゼ 71, 133, 166
ヘテロオーキシン 119
ペルオキシソーム 180
ペルオキシダーゼ 72

ほ

膨圧 41, 74
放射軸 36, 86
ホウ素ジエステル結合 71
補償作用 25
補色適応説 4
穂発芽 97
ホメオティック変異体 113
ホメオボックス転写因子 87, 94

ま

ホモガラクツロナン 70
ポリガラクツロナーゼ 166
ホワイトの培地 34, 154

膜電位 42
膜輸送体 42, 48
末端複合体 60
マトリックス 58, 66, 77
　　——ポテンシャル 40
マルチネット成長説 65
マングローブ植物 98

み

水 39
水上昇の凝集・張力説 52
水チャネル 43
水分子のクラスター構造 39, 40
水ポテンシャル 40, 54, 56, 74, 76

む

無限増殖 35
無胚乳種子 96
ムラシゲ・スクーグ培地 35

め

メチオニン 162
メチルジャスモン酸 180
メディエーター 160
メバロン酸経路 139, 175

も

木部への「積み込み」 50
モデル植物 10
モデル生物 10
モルフォゲン 90

や

葯の裂開 178
ヤン回路 163

ゆ

有限花序 113
雄原細胞 80
有胚植物 3, 117
有胚乳種子 85, 95
ユビキチン-プロテアソーム系 180
ユビキチンリガーゼ 131

よ

葉原基 101
葉序 100
葉序制御モデル 101

ら

ラッカーゼ 72
ラミナジョイント 177
ラムノガラクツロナン I 70
ラムノガラクツロナン II 70
卵細胞 7, 80

り

リカルシトラント種子 98
陸上環境 11
陸上植物 3
陸上進出 4
リグニン 72
緑色植物 2
臨界降伏閾圧 75
リン酸リレー 158

れ

レーザスタイレクトミー法 55
レスポンスレギュレーター 158, 160

ろ

ロイシンくり返し配列（LRR）ドメイン 176
漏出性変異 142
ロゼット 60
ロックハルトの方程式 74

わ

矮性変異体 138
ワックス 72

著者略歴
西谷和彦
にしたに かずひこ

1953年　大阪府に生まれる
1976年　大阪市立大学理学部生物学科卒業
1981年　大阪市立大学大学院理学研究科博士課程修了
1981年　日本学術振興会奨励研究員
1983年　鹿児島大学教養部講師
1984年　鹿児島大学教養部助教授
1997年　東北大学大学院理学研究科教授
2001年より東北大学大学院生命科学研究科教授　理学博士

主な著書
「テイツ・ザイガー植物生理学　第3版」（培風館，2004年，監訳）
「植物の生化学・分子生物学」（学会出版センター，2005年，共訳）
「植物細胞壁」（講談社，2013年，編著）

新・生命科学シリーズ　植物の成長

2011年 5月10日　第1版1刷発行
2015年 2月25日　第2版1刷発行

検印省略

定価はカバーに表示してあります。

著作者　　西谷和彦
発行者　　吉野和浩
発行所　　東京都千代田区四番町8-1
　　　　　電話　03-3262-9166(代)
　　　　　郵便番号 102-0081
　　　　　株式会社　裳華房
印刷所　　株式会社　真興社
製本所　　牧製本印刷株式会社

社団法人 自然科学書協会会員

JCOPY 〈(社)出版者著作権管理機構 委託出版物〉
本書の無断複写は著作権法上での例外を除き禁じられています．複写される場合は，そのつど事前に，(社)出版者著作権管理機構（電話03-3513-6969，FAX 03-3513-6979，e-mail: info@jcopy.or.jp）の許諾を得てください．

ISBN 978-4-7853-5845-7

© 西谷和彦，2011　Printed in Japan

☆ 新・生命科学シリーズ ☆

動物の系統分類と進化	藤田敏彦 著	本体 2500 円＋税
植物の系統と進化	伊藤元己 著	本体 2400 円＋税
動物の発生と分化	浅島 誠・駒崎伸二 共著	本体 2300 円＋税
動物の形態 －進化と発生－	八杉貞雄 著	本体 2200 円＋税
植物の成長	西谷和彦 著	本体 2500 円＋税
動物の性	守 隆夫 著	本体 2100 円＋税
脳 －分子・遺伝子・生理－	石浦章一・笹川 昇・二井勇人 共著	本体 2000 円＋税
動物行動の分子生物学	久保健雄 他共著	本体 2400 円＋税
植物の生態 －生理機能を中心に－	寺島一郎 著	本体 2800 円＋税
動物の生態 －脊椎動物の進化生態を中心に－	松本忠夫 著	本体 2400 円＋税
遺伝子操作の基本原理	赤坂甲治・大山義彦 共著	本体 2600 円＋税

（以下続刊）

エントロピーから読み解く 生物学	佐藤直樹 著	本体 2700 円＋税
図解 分子細胞生物学	浅島 誠・駒崎伸二 共著	本体 5200 円＋税
微生物学 －地球と健康を守る－	坂本順司 著	本体 2500 円＋税
新 バイオの扉 －未来を拓く生物工学の世界－	高木正道 監修	本体 2600 円＋税
分子遺伝学入門 －微生物を中心にして－	東江昭夫 著	本体 2600 円＋税
しくみからわかる 生命工学	田村隆明 著	本体 3100 円＋税
遺伝子と性行動 －性差の生物学－	山元大輔 著	本体 2400 円＋税
行動遺伝学入門 －動物とヒトの"こころ"の科学－	小出 剛・山元大輔 編著	本体 2800 円＋税
初歩からの 集団遺伝学	安田徳一 著	本体 3200 円＋税
イラスト 基礎からわかる 生化学 －構造・酵素・代謝－	坂本順司 著	本体 3200 円＋税
しくみと原理で解き明かす 植物生理学	佐藤直樹 著	本体 2700 円＋税
クロロフィル －構造・反応・機能－	三室 守 編集	本体 4000 円＋税
カロテノイド －その多様性と生理活性－	高市真一 編集	本体 4000 円＋税
外来生物 －生物多様性と人間社会への影響－	西川 潮・宮下 直 編著	本体 3200 円＋税

裳華房ホームページ　http://www.shokabo.co.jp/　2015年2月現在